新媒体电商

美工设计与广告制作

（微视频版）

文杰书院◎编著

U0252728

清华大学出版社

北京

内 容 简 介

本书采用理论与实践相结合的方式，讲解了如何利用Photoshop软件进行新媒体美工设计与制作，主要内容包括认识新媒体电商美工、掌握电商美工设计工具——Photoshop、商品图片美化与调色、图像抠图与作品合成、商品图像特效与批处理、灵活运用文字、网页切片与输出、信息平台界面制作、音视频平台界面制作以及H5手机网页界面设计。

本书结构清晰，适合新媒体广告设计初学者、内容创作者、新媒体从业者等学习使用，同时也可以作为各类计算机培训机构、大中专、高等院校等新媒体设计类课程的教材。

图书在版编目 (CIP) 数据

新媒体电商美工设计与广告制作：微视频版/文杰书院编著. —北京：清华大学出版社，2023.9
ISBN 978-7-302-64640-2

Ⅰ. ①新… Ⅱ. ①文… Ⅲ. ①图像处理软件 Ⅳ. ①TP391.413

中国国家版本馆CIP数据核字(2023)第177853号

责任编辑：魏　莹
封面设计：李　坤
责任校对：马素伟
责任印制：沈　露
出版发行：清华大学出版社
　　　　网　　　址：http://www.tup.com.cn, http://www.wqbook.com
　　　　地　　　址：北京清华大学学研大厦A座　　　邮　　编：100084
　　　　社 总 机：010-83470000　　　邮　　购：010-62786544
　　　　投稿与读者服务：010-62776969, c-service@tup.tsinghua.edu.cn
　　　　质量反馈：010-62772015, zhiliang@tup.tsinghua.edu.cn
印 装 者：三河市龙大印装有限公司
经　　销：全国新华书店
开　　本：187mm×250mm　　印　　张：15.25　　字　　数：371千字
版　　次：2023年10月第1版　　印　　次：2023年10月第1次印刷
定　　价：89.00元

产品编号：099025-01

前 言

随着互联网的普及，"新媒体"作为一个行业异军突起。新媒体以其传播速度快、成本低、信息量大、内容丰富、互动性强等特点，广泛应用在企业宣传、产品销售和推广领域。

新媒体美工主要是对传播载体进行美化，给大众提供更加舒适的视觉体验，在商品展示、宣传和推广等营销环节中起着重要作用。本书专为需要学习和掌握新媒体美工设计与技能的人员打造，从新媒体美工的角度出发，以基础知识结合案例应用的讲解方式，介绍了新媒体美工设计的相关知识与操作技能。

一、由本书能学到什么

本书详细介绍了新媒体应用平台在不同行业多个模块的设计、制作方法，手把手地教读者制作爆款新媒体美工作品。全书分为 4 个部分。

1. 新媒体电商美工基础知识

第 1 章，主要讲解什么是新媒体美工，作为新媒体美工应该掌握的知识，其中包括图片规格，美工设计流程，色彩、文字、版式的运用以及经典案例赏析等内容。

2. 美工设计基础知识

第 2 ~ 4 章，主要介绍新媒体美工使用的工具——Photoshop 的基础知识，包括 Photoshop 各种工具的使用、美化与调色图片、抠图等内容。

3. 美工特效应用

第 5 ~ 7 章，主要介绍使用 Photoshop 为商品制作动画特效、批处理商品图片、制作丰富的文字效果以及网页切片与输出等内容。

4. 实践应用案例

第 8 ~ 10 章，主要介绍使用 Photoshop 制作的各种美工设计案例，包括微信小程序界面设计，微博主图设计，抖音顶部背景图片制作，喜马拉雅焦点宣传图制作，企业招聘 H5 页面设计等内容，帮助读者达到融会贯通、学以致用的目的。

二、丰富的配套学习资源及其获取方式

为帮助读者高效、快捷地学习本书知识点，我们不但为读者准备了与本书内容有关的配套素材文件，而且还设计并制作了精品短视频教学课程，同时还为教师准备了 PPT 课件资源，读者均可以免费获取。

（一）配套学习资源

1. 同步视频教学课程

本书所有知识点均提供同步配套视频教学课程，读者可以通过扫描书中的二维码在线实时观看，也可以将视频课程下载到手机或者计算机中离线观看。

2. 配套学习素材

本书为每个章节实例提供了配套学习素材文件，如果想获取本书全部配套学习素材，读者可以通过"读者服务"文件获取下载。

3. 同步配套 PPT 教学课件

教师购买本书后，可以获取与本书配套的 PPT 教学课件，以及"课程教学大纲与执行进度表"。

4. 附录 A 综合上机实训

对于选购本书的教师或培训机构，可以获取 5 套综合上机实训案例。通过综合上机实训，可以巩固和提高学生的实践动手能力。

5. 附录 B 知识与能力综合测试题

为了巩固和提高读者的学习效果，本书还提供了 3 套知识与能力综合测试题，便于教师、学生和其他读者用于学业能力测试。

6. 附录 C 课后习题及知识与能力综合测试题答案

我们提供了与本书有关的课后习题、知识与能力综合测试题答案，便于读者对照检测学习效果。

（二）获取配套学习资源的方式

读者在学习本书的过程中，可以使用微信的扫一扫功能，扫描右侧二维码，下载"读者服务 .docx"文件，获得与本书有关的技术支持服务信息和全部配套学习资源。

读者服务

本书由文杰书院组织编写，我们真切希望读者在阅读本书之后，可以开阔视野，提升实践操作技能，并从中学习和总结操作的经验和规律，达到灵活运用的水平。鉴于编者水平有限，书中纰漏和考虑不周之处在所难免，热忱欢迎读者予以批评、指正，以便我们日后能为您编写更好的图书。

编　者

目　录

第**1**章

认识新媒体电商美工

　　本章主要介绍新媒体电商美工需要掌握的基础知识，包括认识新媒体电商美工、电商美工应掌握的知识、新媒体美工设计流程、运用色彩和文字以及版式构图布局。通过对本章内容的学习，读者可以掌握新媒体电商美工的基本知识，为深入学习新媒体电商美工设计与广告制作奠定基础。

扫码获取本章素材

1.1 认识新媒体美工

新媒体美工是一种新兴的职业，它是借助网络走进人们的生活而发展起来的。作为这个行业的从业者，只有对这个行业的发展历程有所了解，才能明白这个行业的意义与价值。

1.1.1 什么是新媒体电商美工

新媒体是利用数字技术，通过计算机网络、无线通信网、卫星等渠道，以及计算机、手机、数字电视机等终端，向用户提供信息和服务的传播形态。

以数字技术为代表的新媒体，其最大特点是打破了媒介之间的壁垒，消融了媒体介质之间，地域、行政之间，甚至传播者与接收者之间的边界。新媒体形式多样，各种形式的表现过程比较丰富，可融文字、音频、画面为一体，做到即时地、无限地扩展内容，从而使内容变成"活物"。新媒体美工是对传播的新型媒体（如朋友圈、公众号、小程序、头条号、微博以及微店等）界面进行图片美化与布局排版的设计师，通过新媒体美工对图片的美化和布局，使大众获得更加舒适的视觉体验，也让信息可以更快捷地传递给大众。如图1-1所示为新媒体广告。

电商美工其实就是网店图片美化工作者的统称，是电商和美工设计的结合。说得通俗点，其实就是帮助店铺设计图片并让其展示在消费者面前的幕后工作者。具有充足点击率的图片会为店铺带来庞大的流量，突出卖点、画面精美的广告会大幅提升店铺的转化率。如图1-2所示为电商广告。

图1-1

图1-2

　　新媒体美工是为公司的新媒体平台账号进行相关美术设计的工作，用于配合公司的产品、活动宣传工作的岗位。但随着互联网技术的发展，一些工作岗位的职能划分越来越模糊，往往需要多种多样的技能来应对不同的工作需求。

1.1.2　新媒体美工的技能要求

　　新媒体美工设计师是互联网时代的黄金职业，其前景广、就业好、薪资高，已成为人才市场上十分紧俏的职业，就业前景非常广阔。同时，新媒体美工的发展方向非常广，更容易转型成为网站设计师、UI 设计师、产品经理以及平面设计师等，甚至有可能成长为全能设计师。新媒体美工岗位的具体技能要求如下：

- ➢ 熟练掌握 PS（Photoshop）、AI（Illustrator）、CDR（CorelDRAW）等设计软件。
- ➢ 完成微信平台页面美化设计、活动方案设计、VI 设计（Visual Identity，视觉识别系统，也就是我们经常提到的企业 VI 视觉设计）、产品 Logo 和宣传彩页等。
- ➢ 完成微信朋友圈及公众号图片的处理和美化设计，对微信公众号进行更新及维护等。
- ➢ 负责微博、微信各种创意广告图片、海报、宣传册、画册、促销专题页面的设计。
- ➢ 负责活动海报的设计、推广页面的设计、企业宣传册、产品图册、单页以及招商手册的设计等。
- ➢ 进行新媒体互动页面的整体美工创意、设计、制作以及美化。
- ➢ 为网站设计广告图片、横幅及动画广告。

1.1.3　新媒体平台分类

　　从 2012 年至今，新媒体平台随着互联网的快速发展更新了一代又一代，从最初的公众号到后来的微博头条，再到如今的抖音、快手……这些平台可以归纳为图文类、视频类以及直播类这三大类。

1. 图文类

　　图文类的自媒体，主要以微信公众号、百家号、知乎自媒体等为主，这些平台对图文形式的内容相对比较友好。微信公众号平台是较为主流的图文类新媒体平台，如图 1-3 所示。其优点是平台对内容的开放度更大，适合缓慢积累粉丝。它以粉丝订阅为主，对粉丝数量依赖较大，属于"私域"类型平台，不仅对运营内容有要求，而且对运营能力要求也较高，常见的变现形式为流量主和第三方广告接单。

2. 视频类

　　视频类自媒体主要分为长视频平台和短视频平台，其中短视频平台最火，常见的有抖音、快手和视频号；长视频则主要有优酷、爱奇艺、腾讯和 bilibili 等。如图 1-4 所示为腾讯视频手机版 App 界面。

图 1-3

3. 直播类

直播是比较新型的内容形式，具体分为电商直播、游戏直播以及娱乐直播等。常见的平台有百度直播（YY 直播）、视频号直播、淘宝直播、京东直播以及快手直播、抖音直播等。如图 1-5 所示为抖音直播间。

图 1-4

图 1-5

知识拓展

　　上述就是三种内容形式常见的新媒体平台。新媒体平台要结合行业趋势以及自身的优势进行选择，其中视频和直播内容形式比较热，图文相对弱势；此外，从事新媒体行业需要坚持不懈。

1.2　电商美工应掌握的基础知识

　　电商美工除了需要掌握平面设计类软件的使用方法外，还须熟知电商平台对图片、视频等素材的存储格式和尺寸的要求，掌握获取图片素材的渠道。

1.2.1　网店各类模块的图片规格

　　在开始设计制作各种图片之前，电商美工应熟知电商平台对各区域广告图片的尺寸要求，这样才能保证上传的图片清晰、美观、不变形。本节主要介绍淘宝、京东和拼多多这三大平台的设计规范。

1. 淘宝

　　淘宝主图建议使用的尺寸为 800px×800px，长和宽的比例是 1 ∶ 1。淘宝主图共 5 张，并且一张必须为白底图，白底图的背景要求是纯白色的。

　　计算机和手机的屏幕大小不同，所以会显示出不同的效果。在制作首页时，移动端首页宽度一般为 640px，如图 1-6 所示。

　　很多店铺的移动端详情页通常直接使用 PC 端详情页，这可能会使图片变得模糊，甚至变形。移动端详情页建议的宽度尺寸是 480 ~ 640px，如图 1-7 所示。

2. 京东

　　京东主图的尺寸在 800px×800px 以上，共提供 5 张，其中第 1 张必须使用纯白色背景；图片要清晰，能够看清楚商品细节。

　　移动端首页宽度为 640px，店招尺寸为 640px×200px。如图 1-8 所示为京东移动端店铺首页展示。

　　移动端详情页宽度默认为 990px，也可以是 750px 和 790px。如图 1-9 所示为京东移动端详情页展示。

图 1-6

图 1-7

图 1-8

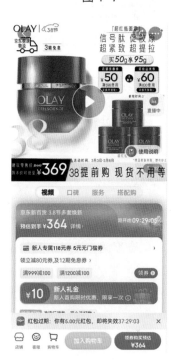

图 1-9

3. 拼多多

（1）主图

主图尺寸为 750px×352px，大小在 100KB 以内，如图 1-10 所示为拼多多商品主图。图片仅支持 JPG、PNG 格式，其中不可以添加任何与品牌相关的文字或 Logo。

（2）商品详情

商品详情页的宽度为 480~1200px，高度为 0 ～ 1500px，如图 1-11 所示。大小在 1MB 以内。图片数量限制在 20 张以内，仅支持 JPG、PNG 格式。支持批量上传详情图。

图 1-10

图 1-11

1.2.2 各类素材的获取渠道

平时大家最常使用的图片搜索网站是百度图库，但是搜索到的免费素材有时不太清晰，下面介绍几个获取美工素材的免费网站供大家参考。

1. iconfont

美工可以使用 iconfont 网站（https://www.iconfont.cn）搜索素材。iconfont 是阿里巴巴官方旗下网站，素材主要以矢量图标为主；此外，还有很多插画、动态素材等。很多素材可以用于电商设计，并且都是免费下载的，可以放心使用。如图 1-12 所示为 iconfont 网站首页页面。

图 1-12

2. 菜鸟图库

　　菜鸟图库网站素材非常齐全，除了电商素材，还有超多平面、图片、UI、视频、音频等素材，基本都能免费下载，只有部分需要图币，其中电商类素材都是 PSD 格式，且下载后可以随意编辑。如图 1-13 所示为菜鸟图库网站首页页面。

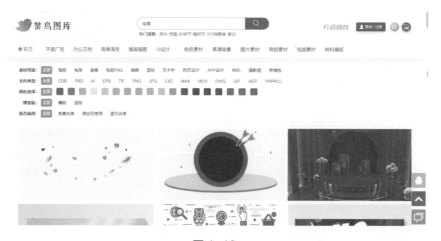

图 1-13

1.3　新媒体美工设计流程

　　一个优秀的新媒体美工，不但可以将企业或商品需要表达的内容展现出来，而且能提升用户对企业的好感度。本节将详细介绍新媒体美工的设计流程。

1.3.1　明确设计目的

新媒体美工设计要对应到相应的设计目的，创作时所塑造的形状、色彩、题材、元素表现力优先围绕设计目的来表现。新媒体美工的设计目的必须能对推广宣传、提高流量有帮助作用，否则就是失败的设计。如图1-14所示为肯德基"疯狂星期四"特价活动海报，上面明确了哪些套餐组合参与"疯狂星期四"特价活动，并给出了价格，让消费者一目了然，突出"疯狂星期四"特价活动比平时不做活动时更优惠的主题。

图1-14

1.3.2　搜集素材

当明确了设计目的后，即可根据设计目的有选择地进行素材的搜集。素材搜集包括图片和视频的搜集、信息的搜集等，下面对不同素材的搜集方法进行介绍。

1. 图片和视频的搜集

在新媒体设计中，图片和视频素材有的用于画面背景，有的用于模块交互。图片和视频素材主要通过网上搜集、实物拍摄和手绘三种方式进行获取。

（1）网上搜集是指进入互联网上的素材网站，如千图网、花瓣网等，搜索需要的图片和视频素材并进行下载。不过，网站中很多图片和视频不能商用，在使用时要注意版权的问题。

（2）实物拍摄是搜集素材的常用方法。企业或商家可以根据自身情况，对场景、文化、商品等进行拍摄，然后将其作为新媒体美工的主要素材以加深用户对企业或商家的印象。如图1-15所示为商家自己拍摄的裙子图片。

（3）除以上两种方式外，若还需要使用形状或矢量效果进行展现，则可使用手绘的方式，即美工自己绘制需要的设计素材，以使设计与需求更加契合，将主题展现得更加清晰。如图1-16所示为美工自己制作的素材。

图 1-15   图 1-16

2. 信息的搜集

这里的信息可以是商品的信息，也可以是企业的信息。搜集的商品信息内容主要包括商品的品种规格、功能特点、质量状况、价格水平、能耗物耗、使用方法、维修方法、售后服务等，以及商品的生产、流通、消费等情况。而搜集的企业信息内容则包括企业的组织结构、企业文化、发展方向等。在搜集信息的过程中，要注意广泛性、准确性、及时性、系统性等，这样才能使搜集的信息更符合设计需求。

1.3.3 整合与处理素材

当素材完成搜集后，并不是所有的素材都能直接使用，有的还需对其进行简单的处理，如图片素材需要裁剪掉不需要的区域、修复污点、调整色调、抠取部分素材等；视频素材则需要进行剪辑与美化。

当完成信息的搜集后，新媒体美工即可对搜集到的信息进行整合。如搜集图片素材后，可先对同类图片素材进行整合，并在设计时通过图文结合与版式布局，将多张素材图片整合在一个画面中，然后添加信息描述文案，使其融合在一起，这样既美观又能体现出设计的主题。如图 1-17 所示为对同一产品的不同功效图片进行的整合。在进行视频整合时，可以将多个同类型的不同视频通过剪辑整合到一起，然后通过添加音乐和文字来提升整个视频的可读性和趣味性，以吸引用户观看。

图 1-17

1.4 运用色彩让作品更具魅力

色彩是通过人眼、大脑和我们的生活经验所产生的一种对光的视觉效应。有时人们也将物质产生不同颜色的物理特性直接称为颜色。本节将对色彩的三要素、色彩搭配原理和使用要点等基础内容进行详细讲解。

1.4.1 色彩的三要素

色彩三要素指的是色彩的色相、明度和纯度，它们有不同的属性。下面对色彩三要素进行详细介绍。

1. 色相

色相是色彩的最大特征。所谓色相，是指能够比较确切地表示某种颜色色别的名称，如玫瑰红、橘黄、柠檬黄、钴蓝、群青、翠绿……从光学物理上讲，色相是由射入人眼的光线的光谱成分决定的。对于单色光来说，色相的面貌完全取决于该光线的频率；对于混合色光来说，色相的面貌则取决于各种频率光线的相对量。物体的颜色是由光源的光谱成分和物体表面反射（或透射）的特性决定的。为了便于说明与理解，色彩学家给出了最基本的 12 色相环，并定义其中的色相为基础色相。12 色相分别为黄、黄橙、橙、橙红、红、红紫、紫、蓝紫、蓝、蓝绿、绿、黄绿，如图 1-18 所示。不同色相会对画面整体的情感、氛围和风格表达产生不同影响。

2. 明度

明度是指色彩的明亮程度。各种有色物体，由于反射光量的区别，颜色会产生明暗强弱，这就是明度。色彩的明度有两种情况：一是同一色相不同明度，二是各种颜色的不同明度。每一种纯色都有与其相应的明度。白色明度最高，黑色明度最低，红、灰、绿、蓝色的明度居中。

明度越低，色彩越暗；明度越高，色彩越亮。所以一些经营女装、儿童用品的电商店铺，用的是鲜亮的颜色，让人感觉绚丽多彩、生机勃勃。某网店活动的宣传海报中，同一色彩有明显的明暗变化，如图 1-19 所示。

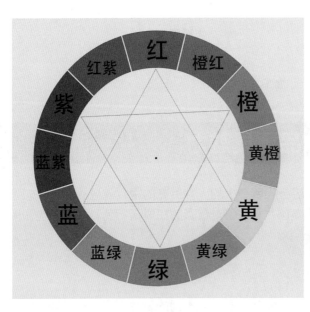

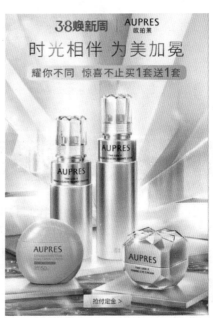

图 1-18   图 1-19

3. 纯度

纯度是指色彩的纯净程度。纯度的变化可通过三原色互混产生，也可以通过加白、加黑、加灰产生，还可以补色相混产生。纯度较低，色彩相对也较柔和，纯度很高的色彩应该谨慎使用。

通常情况下，色彩的纯度被划分为 9 个阶段，7 ～ 9 阶段的纯度为高纯度，4 ～ 6 阶段的纯度为中纯度，1 ～ 3 阶段的纯度为低纯度，如图 1-20 所示。

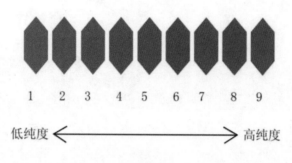

图 1-20

从纯度的色阶阶段变化中可以看出，纯度越低，越趋近于黑色；纯度越高，色彩越趋近于纯色。

1.4.2 色彩搭配的原理

色彩的搭配是一门艺术，灵活运用色彩搭配，能够让页面更具亲和力及感染力。在对页面进行色彩搭配时，只有选择与店铺经营品类相符的颜色，才能营造出整体的协调感。在为店铺搭配颜色时，需要遵循以下两大色彩搭配原则。

1. 依据经营品类选择整体色调

在配色时，要根据经营品类确定占大面积的主色调。如儿童用品可以选择粉色、黄色、橙色等偏暖色的纯色，如图 1-21 所示。使用暖色作为整体色调，可以给人可爱、活泼的感觉；反之，如果选择灰色、黑色等冷色，就会显得过于沉闷和朴素，给买家一种压迫感，导致买家不愿意购买。因此，在选择整体色调时，要根据经营品类所表达的内容来决定。

2. 配色突出重点

在进行配色时，可以将某个颜色作为重点色，从而使整体搭配平衡。重点色要使用比其他色调更强烈的颜色，可以与整体色调形成对比，通常可以将页面中的文字颜色作为重点色，如图 1-22 所示。

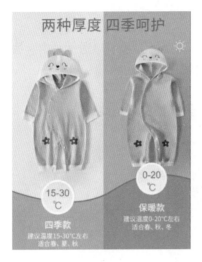

图 1-21

图 1-22

知识拓展

　　色彩本身是无任何含义的，有的只是人赋予它的含义。但色彩确实可以在不知不觉间影响人的心理，左右人的情绪，所以就有人给各种色彩加上了特定的含义。例如，红色——强有力、喜庆的色彩，很容易给人兴奋的感觉，是一种雄壮的精神体现；黄色——亮度最高的颜色，给人很有温暖的感觉，灿烂辉煌，可以试试加入淡红色或淡紫色；绿色——美丽、优雅，给人大度、宽容的感觉；蓝色——永恒、博大，给人平静、理智的感觉；紫色——给人神秘、压迫的感觉。

1.4.3　色彩的使用要点

　　新媒体电商页面大多是色彩丰富的，给人一种很强的视觉冲击力。制作色彩饱满、有冲击力的画面，需要一些色彩搭配的技巧，本节将详细讲述色彩使用要点。

1. 互补色、近似色以及对比色的使用

　　在色相环上，夹角互为 180°的色彩为互补色，互补色具有极其强烈的对比。在色相环上，相邻的两个颜色为近似色。在色相环上，夹角在 120°的两个颜色为对比色。色彩的对比其实就是色相之间的矛盾关系。各种颜色在色相上会产生细微的差别，并且能够对画面产生一定的影响。色相的对比使画面充满生机，同时具有丰富的层次感，如图 1-23 所示为对比色搭配的效果。

2. 色相一致

　　色相一致的配色，是通过改变色彩的明度和纯度来达到配色的效果，这类配色方式能保

持色相上的一致性。色相一致的配色，可以是相同颜色的调和配色、类似色相的调和配色，这些配色的目的都是让画面的色彩和谐，并产生层次感或者视觉冲击力。

图 1-24 所示页面中的商品、背景等都使用绿色色相进行搭配，通过明度的变化使画面配色丰富起来，表现出春日的特性。

图 1-23

图 1-24

3. 明度一致

明度是人们分辨物体色时对色彩的最敏锐反应，通过它的变化可以影响人们对事物立体感和远近感的认知。例如，希腊的雕刻艺术就是通过光影的作用产生黑白灰的相互关系，形成立体感；我国的水墨画也经常使用无彩色的明度搭配。有彩色的物体也会受到光影的影响产生明暗效果，如紫色和黄色就有着明显的明度差。

明度可以分为高明度、中明度和低明度 3 类，这样明度就有了高明度配高明度、高明度配中明度、高明度配低明度、中明度配中明度、中明度配低明度、低明度配低明度 6 种搭配方式。其中，高明度配高明度、中明度配中明度、低明度配低明度属于相同明度配色。

图 1-25 中的图片利用商品和背景的明度不同形成对比，表现一种成熟、高端的商品定位。

4. 纯度一致

当一组色彩的纯度水平相对一致时，颜色的搭配很容易实现调和的效果。随着纯度的不同，不同的颜色搭配也会给人不一样的视觉感受。如图 1-26 所示，背景为纯度较高的红色，商品为纯度较高的黑色，明度形成对比，从而起到突出商品的作用。

图 1-25

图 1-26

1.5 运用文字的魅力

　　文字作为新媒体电商美工设计的重点，不仅能提升设计作品的美观度，还能让需要表达的内容更加直观。本节介绍运用文字进行设计的原则。

1.5.1 文字要易于识别

　　随着移动端的发展，用户使用手机阅读的时间变得越来越长，这促使了用户对阅读的体验感要求越来越高。在新媒体设计中，文字是影响用户阅读体验感的关键因素。因此，如何让文字易于识别是设计师需要重点考虑的问题。

　　首先，在文字的组词上，尽量使用大众熟悉的词汇与搭配方式，这样不仅可以避免让用户过多地去思考其含义，而且还能防止用户对文字产生误解，方便用户的识别。图 1-27 所示为小麦啤酒的广告 Banner，消费者一眼便能看清内容。

　　有时为了整体效果的美观性，美工可能会使用较为美观但不常见的字体，但是这些字体并不一定便于识别。一般应避免使用不常见的字体，因为缺乏识别性的字体可能会浪费用户理解文字的时间，造成流量流失。

1.5.2 文字的层次感要强

在新媒体界面设计中，文字设计并非简单地罗列文字，而是要有层次，通常按重要程度设置文字的显示级别，重点内容着重显示，其他内容则根据其重要程度进行级别的划分。有层次感的文字可以引导用户按顺序浏览文字内容。新媒体美工在对文字进行设计时，可依靠字体、粗细、大小与颜色的对比来突出文字的层次感。

如图1-28所示为房地产广告海报，它根据重要程度将文字显示为3个级别：第1级别即为最大的文字，用于将海报需要表达的主题展现出来，起到吸引用户浏览的作用，并加粗主题文字，让体现的内容更加清晰；第2级别则是最大文字下方的较小文字，用来回答最大文字的提问，起到点明主题的作用；第3级别则是左上角文字，用于对房屋信息进行说明，起到加深品牌印象的作用。

图 1-27

图 1-28

1.5.3 文字的色彩要突出

适当地突出新媒体界面中文字的颜色，也可以提高文字的阅读性。常用的方法是给文字内容设计不同的颜色或者增强文字与背景色彩之间的对比，使界面中的文字信息突出，帮助用户更快地找到文字信息并阅读。如图1-29所示，打折文字"2.4折起"与其他文字区别使用了白色并添加了粉色背景，起到突出的作用。

图 1-29

1.6 版式构图与布局

在设计新媒体界面的过程中，可以通过美观、舒适的构图，达到吸引用户、提高浏览量与点击率的效果，而制作美观界面的关键之处就在于版式布局。本节将详细介绍各类常见的构图方式与布局原则等内容。

1.6.1 认识三大基本构图要素

点、线、面是平面空间中最基本的三大构图要素，也是设计的基础。三者结合使用，能够产生丰富的视觉效果。下面分别对点、线、面进行介绍。

1. 点

点是肉眼可见的最小的形式单元，具有凝聚视觉的作用，可以使界面布局灵动且富有冲击力。点的表现形式丰富多样，既包含圆点、方点、三角点等规则的点，又包含锯齿点、雨点、泥点、墨点等不规则的点。点没有一定的大小和形状，界面中越小的形体越容易给人点的感觉，如漫天的雪花、夜空中的星星、大海中的帆船和草原上的马等。点既可以单独存在于界面之中，又可组合成线或面。

点的大小、形态、位置不同，所营造的视觉效果也不同。如图 1-30 所示，海报将灯笼的圆形主体作为点，既代表灯笼也代表月亮，营造一种中秋月圆的氛围。

2. 线

线可以表现长度、宽度、位置、方向、主次，具有刚柔共济、优美简洁的特点，常用于如引导、串联或分割界面要素。线分为水平线、垂直线、曲线、斜线等。线的不同形态，所表达的情感是不同的，如直线单纯明确、大气庄严；曲线柔和流畅、优雅灵动；斜线活力四射具有较强的视觉冲击感。

如图1-31所示，海报将山水画作为卷起食材的"饼"，卷饼作为一条直线分割了画面，画面简洁、生动。

图1-30　　　　　　　　　　　　　　　　　图1-31

3. 面

点放大即为面，线的分割产生各种比例的空间也可称为面。面有长度、宽度、方向、位置、摆放角度等属性，具有组合信息、分割界面、平衡与丰富空间层次、烘托与深化主题等作用。在设计中，面的表现形式一般有两种，即几何形和自由形。

（1）几何形

几何形是指有规律的，易于被人们所识别、理解和记忆的图形，包括圆形、矩形、三角形、棱形、多边形等，以及由线组成的不规则几何形状。不同的几何形具有不同的感情色彩，如矩形给人稳重、厚实与规矩的感觉；圆形给人充实、柔和、圆满的感觉；正三角形给人坚实、稳定的感觉；不规则几何形状给人时尚、活力的感觉。若采用不规则几何形状切割背景，与商品配合，可以为界面营造层次感，避免背景过于单调。如图1-32所示，海报通过将画面分割成上下两个不同颜色的矩形来表现全球变暖这一主题。

（2）自由形

自由形来源于自然，比较洒脱、随意，可以营造不拘一格、生动的视觉效果。自由形既可以是表达设计人员个人情感的各种手绘形，也可以是曲线形成的各种有机形，还可以是自然力形成的各种偶然形。图1-33所示的海报将产品通过不规则形状突出显示，让界面更具活力和新鲜感。

图 1-32

图 1-33

1.6.2　常见的构图方式

在新媒体美工设计中，构图也是一门学问。好的构图不但能够使界面中的内容更易区分，还能丰富界面效果，达到吸引用户关注的目的。下面介绍几种常见的构图方式。

1. 竖排列表布局

由于手机屏幕大小有限，因此大部分的手机App都是采用竖屏显示，这样可以在有限的屏幕上显示更多的内容。在竖排列表布局中，常展示功能目录、产品类别等并列元素，列表可以向下无限延伸，用户可以通过上下滑动屏幕来查看更多内容，如图1-34所示。

2. 横排方块布局

由于受智能手机的屏幕大小限制，各种软件的工具栏无法完全显示，因此很多页面在工具栏区域采用横排方块的布局方式。横排方块布局主要是横向展示各种并列元素，用户可以左右滑动手机屏幕来查看更多内容，如图1-35所示。

3. 九宫格布局

在界面设计中，设计人员通常会在水平和垂直方向划分多条辅助线，使其形成网格，方便布局，该布局方式即为九宫格布局。九宫格布局常用于以功能分类为主的一级界面。由于九宫格布局能给用户一目了然的感觉，使用户操作更加便捷，因此常用于屏幕锁、App开屏海报、App首页、抽奖界面等设计中。九宫格最基本的表现形式是一个3行3列的表格。目前，非常多的小程序界面采用九宫格的变体布局方式，如图1-36所示。

图1-34　　　　　　　图1-35　　　　　　　图1-36

4. 弹出框布局

在新媒体界面中，弹出框通常作为一种次要窗口，出现在界面的顶部、中间或底部等位置，其中包含了各种按钮和选项，通过它们可以完成特定功能或任务。

弹出框中可以包含很多内容，用户在需要时可以点击相应按钮将其显示出来，这样可以节省手机屏幕的空间。在各类小程序中，多数的菜单、单选框、多选框、对话框等都采用弹出框的布局方式，如图1-37所示。

5.热门标签布局

在新媒体界面设计中，某些元素较多的界面通常会采用热门标签的布局方式，让页面布局更整洁、易读，使各种移动设备能够更加完美地展示软件界面，如图1-38所示。

6.抽屉式布局

抽屉式布局又可以称为侧边栏式布局，它一般将功能菜单放置在界面的两侧（通常是左侧）。在操作时，用户可以像打开一个抽屉一样，将功能菜单从界面的侧边栏中抽出来，拉到手机屏幕中。抽屉式布局分为以下两种模式。

（1）列表式

如"美团外卖"程序的订餐界面，就是采用列表式抽屉布局模式，用户可以在左侧列表中选择外卖品类，在右侧列表中查看菜单，如图1-39所示。

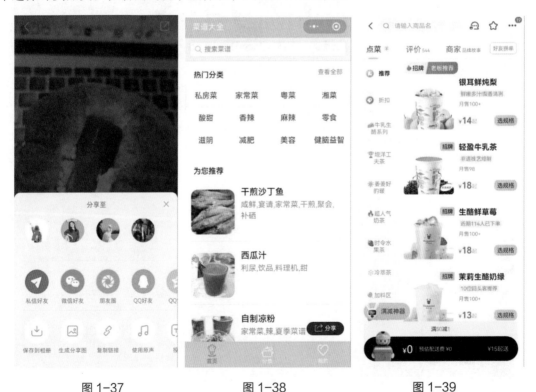

图1-37　　　　　　　　图1-38　　　　　　　　图1-39

（2）图标卡片式

如"淘菜菜超市"程序界面，就是采用图标卡片式抽屉布局模式，用户在分类列表中选择相应的种类（如"新鲜蔬菜"），即可在右侧的菜单栏目中查看分类的具体内容，再选择"葱姜大蒜"卡片，即可显示超市中所有的葱姜大蒜类蔬菜，如图 1-40 所示。

7. 分段菜单式布局

分段菜单式布局主要采用"文字＋下拉箭头"的方式来排列界面中的各种元素，在某个按钮中隐藏有更多的功能，让界面看起来简约却不简单。

如图 1-41 所示，在"淘宝"程序的搜索界面中，就安排了 4 个分段菜单，点击相应的下拉箭头后，用户可以在展开的菜单中找到更多的功能。

8. 底部导航栏布局

底部导航栏布局的设计比较方便，适合单手操作。

如图 1-42 所示，"肯德基"程序主界面的底部，就有"首页""商城""付费会员""我的" 4 个导航按钮。用户点击不同按钮可以切换至相应的页面，操作十分方便，功能分布也比较合理。

图 1-40　　　　　　　　图 1-41　　　　　　　　图 1-42

1.6.3　新媒体界面的布局原则

设计人员在进行新媒体美工设计时，除了需要掌握基本的构图方法，还需要掌握界面布局的基本原则，使构图更加合理。下面对界面布局原则进行介绍。

1. 内容的排列次序要合理

当界面展示的内容比较多时，应尽量按照主次进行排序，将主要内容排列在前面，将一些次要内容放于后侧或隐藏。

2. 内容和展现方式要统一

设计人员在进行界面布局时，界面中所有元素的布局方式应该保持一致，保证整个界面的风格和谐统一。

3. 设计元素要均衡

设计元素要均衡是指界面中的文字、形状、色彩等元素要达到视觉上的平衡。视觉平衡分为对称平衡和不对称平衡。界面中的每个元素都是有"重量"的，如果达到对称平衡，界面会显得宁静稳重。当然，为了增加界面的趣味性，也可以选择不对称平衡。

4. 界面长度要适中

设计人员在进行界面布局时，须注意界面不宜过长，并且每个子界面的长度要适中，否则会显得过于烦琐。设计人员需要先确定界面内容，然后根据内容选择合适的界面长度。

1.7 精彩作品案例分析与实战

经过前面的学习，相信大家对新媒体美工设计的基础知识、设计原则和工作流程都已经有了一定的了解，接下来可以通过案例分析与实战来巩固所学知识。

1.7.1 "双十一"电商 Banner 素材的搜集与整合

📖 案例目的

本案例将对"双十一"电商 Banner 的素材进行搜集与整合，方法是先搜集契合"双十一"主题的素材，然后将其整合在一起，制作活动 Banner。图 1-43 所示为"双十一"电商 Banner 素材与整合后的效果。

📖 制作思路

（1）搜集契合"双十一"活动的素材，包括紫色渐变背景、文字图片、坐在购物车里的人物等（配套素材：第 1 章 \ 素材文件 \1.7.1\ 电商海报背景 .png、双 11 来了 .png、购物车男孩 .png）。

（2）将紫色渐变背景、文字图片、坐在购物车里的人物等素材进行整合，使其形成"双十一"电商 Banner（配套素材：第 1 章 \ 效果文件 \1.7.1\1.7.1 效果 .psd、1.7.1 效果 .jpg）。

图 1-43

1.7.2　元宵节海报素材的搜集与整合

📖 案例目的

本案例将对元宵节海报的素材进行搜集与整合，方法是先搜集契合元宵节主题的素材，然后将其整合在一起制作活动海报。图 1-44 所示为元宵节海报素材与整合后的效果。

图 1-44

📖 **制作思路**

（1）搜集契合元宵节主题的素材，包括红色渐变背景、祥云、元宵、烟花等（配套素材：第 1 章 \ 素材文件 \1.7.2\ 红色背景 .png、祥云 .png、元宵 .png、节日烟花 .png）。

（2）将红色渐变背景、祥云、元宵、烟花等素材进行整合，形成元宵节海报的背景。

（3）在背景中输入文字内容，完成整合操作（配套素材：第 1 章 \ 效果文件 \1.7.2\1.7.2 效果 .psd、1.7.2 效果 .jpg）。

1.7.3　公众号封面首图素材的搜集与整合

📖 **案例目的**

本案例将制作公众号文章封面首图，方法是首先需要搜集素材，然后在 Photoshop 中整合素材并添加文字。图 1-45 所示为制作完成后的效果。

图 1-45

📖 **制作步骤**

（1）搜集图片素材，包括黄色带有文字框的背景图片、老师人物图片（配套素材：第 1 章 \ 素材文件 \1.7.3\ 背景 .png、老师 .png）。

（2）使用 Photoshop 分别打开"背景 .png""老师 .png"素材，将"老师 .png"素材拖入"背景 .png"中，调整大小和位置。

（3）使用横排文字工具输入文本内容，设置文本的字体、大小，并调整位置，导出为 JPG 格式的图片，即可完成公众号封面首图的制作（配套素材：第 1 章 \ 效果文件 \1.7.3\1.7.3 效果 .psd、1.7.3 效果 .jpg）。

1.8　思考与练习

一、填空题

1. 新媒体平台可以归纳为_____、视频类以及_____这三大类。
2. 新媒体美工的设计流程包括明确设计目的、_____和_____。

二、判断题

1. 色彩三要素指的是色相、明度和纯度。　　　　　　　　　　　　（　　）
2. 点、线、形状是平面空间中最基本的三大构图要素。　　　　　　（　　）

三、思考题

1. 新媒体界面布局的原则有哪些？
2. 常见的新媒体构图方式有哪些？

第 2 章

掌握电商美工设计工具——
Photoshop

　　本章主要介绍设计工具——Photoshop的基础知识，包括Photoshop基础操作、修改图像的尺寸和方向、认识与运用图层、创建与使用选区、变换图像，以及色彩与颜色的应用。通过对本章内容的学习，读者可以掌握Photoshop的基本知识，为深入学习新媒体电商美工设计与广告制作奠定基础。

扫码获取本章素材

2.1 Photoshop 基础操作

Photoshop 作为一款强大的图像处理软件，不仅能对原有的图像进行加工处理，而且还能制作出新的图像。在使用 Photoshop 完成美工设计之前，需要先了解该软件的一些常用操作，如新建与保存图像文件、在图像中置入图片、使用缩放工具放大与缩小图像等。

2.1.1 新建与保存图像文件

在 Photoshop 中，用户可以根据需要，创建一个新的空白图像文件并将其保存，以便后续进行查找和编辑操作。下面将详细介绍新建与保存图像文件的操作方法。

操作步骤 Step by Step

第1步 启动 Photoshop 程序，在 Photoshop 界面中单击【新建】按钮，如图 2-1 所示。

第2步 打开【新建文档】对话框，❶设置文档的宽度和高度，❷设置文档的分辨率，❸设置文档的颜色模式，❹设置文档的背景内容，❺单击【创建】按钮，如图 2-2 所示。

图 2-1

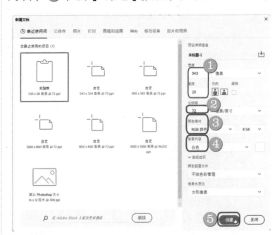

图 2-2

第3步 可以看到 Photoshop 创建了一个空白文档，❶单击【文件】菜单，❷选择【存储为】菜单项，如图 2-3 所示。

第4步 打开【存储为】对话框，❶设置文档保存位置，❷在【文件名】文本框中输入名称，❸单击【保存】按钮，即可完成新建与保存图像文件的操作，如图 2-4 所示。

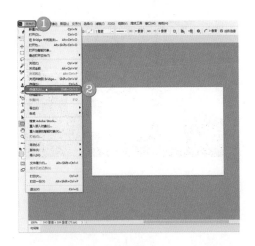

图 2-3

图 2-4

■ 智慧锦囊

　　按 Shift+Ctrl+S 组合键同样能打开【存储为】对话框。

■ 智慧锦囊

　　在【存储为】对话框下的【保存类型】下拉列表中，包括 PSD 格式、PSB 格式、PDF 格式以及 TIFF 格式 4 种文件格式。

2.1.2　在文档中置入图片

　　在文档中置入图片，是指在 Photoshop 中可以将外部文件嵌入到 Photoshop 文档中，这样在文档中就可以直接使用外部文件中的内容。在文档中置入图片须使用【置入嵌入对象】命令。

操作步骤　　　　　　　　　　　　　　　　　　　　　Step by Step

第1步　在 Photoshop 中打开一张图片，❶单击【文件】菜单，❷选择【置入嵌入对象】菜单项，如图 2-5 所示。

第2步　打开【置入嵌入的对象】对话框，❶选中图片，❷单击【置入】按钮，如图 2-6 所示。

图 2-5

图 2-6

第3步 图片已经置入到打开的图像中，如图 2-7 所示。

图 2-7

2.1.3 实战——使用缩放工具放大与缩小图像

 在 Photoshop 中，用户如果想查看图像文件中的某个部分，可以使用缩放工具对图像文件进行放大或缩小。下面介绍使用缩放工具放大与缩小图像的方法。

<< 扫码获取配套视频课程，本节视频课程播放时长约为 27 秒。

 配套素材路径：配套素材\第2章\素材文件\2.1.3
素材文件名称：商品主图.png

操作步骤   Step by Step

第1步 在 Photoshop 中打开素材，在工具箱中单击【缩放工具】按钮 🔍，将光标移至图像上，当指针变为带加号的放大镜时单击，如图 2-8 所示。

第2步 可以看到图像已经被放大显示，如图 2-9 所示。

图 2-8

图 2-9

第3步 在缩放工具的选项栏中单击【缩小】按钮 ，将光标移至图像上，当指针变为带减号的放大镜时单击，如图2-10所示。

第4步 图像变回刚打开时的比例显示。通过以上步骤即可完成使用缩放工具放大与缩小图像的操作，如图2-11所示。

图2-10

图2-11

2.1.4 实战——使用抓手工具平移图像

在 Photoshop 中，图像被放大后，用户可以使用抓手工具查看图像的部分区域。下面详细介绍使用抓手工具查看图像的方法。

<< 扫码获取配套视频课程，本节视频课程播放时长约为23秒。

配套素材路径：配套素材\第2章\素材文件\2.1.4
素材文件名称：宣传单.png

操作步骤 Step by Step

第1步 在 Photoshop 中打开素材，并放大显示局部画面，单击【抓手工具】按钮，将光标移至图像上，当指针变为抓手形状时，按住鼠标左键向上拖动，如图2-12所示。

第2步 画面显示的图像区域随之产生了变化，如图2-13所示。

图 2-12

图 2-13

2.2 图像的尺寸和方向

用户可以通过修改尺寸打印图像；修改画布大小，可以将图像填充至更大的编辑区域，从而更好地执行用户的编辑操作；用户还可以调整图像的方向。

2.2.1 调整图片的尺寸和分辨率

在 Photoshop 中，用户可以在【图像大小】对话框中对图像尺寸进行详细设置。下面详细介绍调整图片尺寸和分辨率的方法。

操作步骤   Step by Step

第1步 打开图像素材，❶单击【图像】菜单，❷选择【图像大小】菜单项，如图 2-14 所示。

第2步 弹出【图像大小】对话框，❶设置【宽度】和【高度】选项数值，❷设置【分辨率】选项数值，❸单击【确定】按钮，如图 2-15 所示。

图 2-14

图 2-15

第3步 可以看到图像大小发生变化。通过以上步骤即可完成调整图片尺寸和分辨率的操作，如图 2-16 所示。

■ 智慧锦囊

　　按 Alt+Ctrl+I 组合键同样能打开【图像大小】对话框。

图 2-16

📝 知识拓展

　　分辨率高的图像包含的细节更多。如果一个图像分辨率较低，细节也模糊，那么即便提高分辨率也不会使其变得清晰，这是因为 Photoshop 只能在原始数据的基础上进行调整，无法生成新的数据。

2.2.2　改变图片画布大小

　　在 Photoshop 中，用户可以在【画布大小】对话框中对图像画布的大小进行详细设置。下面介绍改变图片画布大小的方法。

操作步骤 Step by Step

第1步 打开图像素材，❶单击【图像】菜单，❷选择【画布大小】菜单项，如图 2-17 所示。

第2步 弹出【画布大小】对话框，❶设置【宽度】和【高度】选项数值，❷单击【确定】按钮，如图 2-18 所示。

图 2-17

图 2-18

第3步 弹出提示框，单击【继续】按钮，如图 2-19 所示。

Adobe Photoshop

⚠ 新画布大小小于当前画布大小；将进行一些剪切。

继续(P)   取消

☐ 不再显示

图 2-19

■ 智慧锦囊

　　按 Alt+Ctrl+C 组合键同样能打开【画布大小】对话框。

第4步 可以看到图像画布发生变化。通过以上步骤即可完成改变图片画布大小的操作，如图 2-20 所示。

图 2-20

2.2.3 裁剪图片

　　裁剪是指去掉部分图像，以突出或加强构图效果的过程。使用裁剪工具可以裁剪多余的图像，并重新定义画布的大小。下面详细介绍裁剪图片的操作方法。

操作步骤   Step by Step

第1步 打开图像素材，在工具箱中单击【裁剪工具】按钮 🔲，图像边缘会显示一个变换框，将光标移至上方中间位置的控制点上，如图 2-21 所示。

第2步 指针变为双向箭头，单击并拖动鼠标向下，缩小图像的画布高度至合适位置释放鼠标，按 Enter 键完成裁剪操作，如图 2-22 所示。

图 2-21

图 2-22

2.2.4 旋转画布角度

在 Photoshop 中绘制或修改图像时，可以使用旋转视图工具旋转画布。

打开图像，在工具箱中单击【旋转视图工具】按钮 ，在图像上单击并拖动鼠标，即可旋转画布，如图 2-23 所示。如果要精确旋转画布，可以在工具选项栏的【旋转角度】文本框中输入角度数值；如果打开了多个图像，勾选【旋转所有窗口】复选框，就可以同时旋转这些窗口；如果要将画布恢复到原始角度，可以单击【复位视图】按钮或按 Esc 键，如图 2-24 所示。

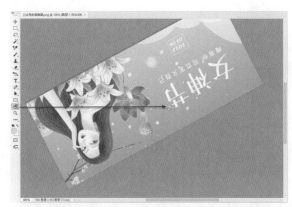

图 2-23   图 2-24

2.2.5 实战——校正产品图片透视

用户可以使用透视裁剪工具对图片中的对象应用单点透视，达到校正产品图片透视的目的。下面详细介绍使用透视裁剪工具校正产品图片透视的操作方法。

<< 扫码获取配套视频课程，本节视频课程播放时长约为 24 秒。

配套素材路径：配套素材\第2章\素材文件\2.2.5
素材文件名称：手机展示.jpg

操作步骤   Step by Step

第1步 打开图像素材，在工具箱中单击【透视裁剪工具】按钮 ，然后在图形的一角单击，如图 2-25 所示。

第2步 将光标依次移动到图形的其他点上并单击，如图 2-26 所示。

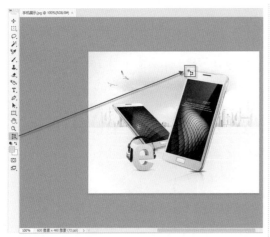

图 2-25

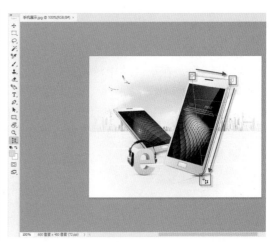

图 2-26

第3步 绘制 4 个点即可，效果如图 2-27 所示。

第4步 按 Enter 键完成裁剪，可以看到原本带有透视感的手机变为了平面效果，如图 2-28 所示。

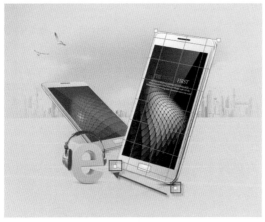

图 2-27

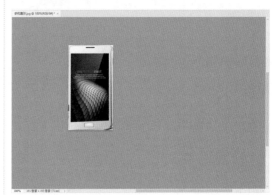

图 2-28

✎ 知识拓展

如果以当前图像透视的反方向绘制裁剪框（如上面的手机素材按照逆时针方向绘制 4 个点），则能够起到强化图像透视的作用。

2.2.6　实战——裁切多余的像素

使用【裁切】命令可以基于像素的颜色来裁剪图像。用【裁切】命令对没有背景图层的图像进行快速裁切，可以将图像中的透明区域清除。下面介绍裁切多余像素的操作方法。

<<扫码获取配套视频课程，本节视频课程播放时长约为 19 秒。

配套素材路径：配套素材\第2章\素材文件\2.2.6
素材文件名称：艺术字.png

操作步骤　　　　　　　　　　　　　　　　　Step by Step

第 1 步　打开图像素材，❶单击【图像】菜单，❷选择【裁切】菜单项，如图 2-29 所示。

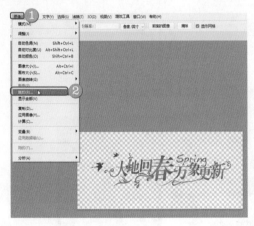

图 2-29

第 2 步　打开【裁切】对话框，❶在【基于】区域选中【透明像素】单选按钮，❷单击【确定】按钮，如图 2-30 所示。

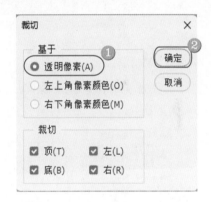

图 2-30

第 3 步　可以看到画面中的透明像素被裁切掉了。通过以上步骤即可完成裁切多余的像素的操作，效果如图 2-31 所示。

■ **智慧锦囊**

在【裁切】对话框中，除了用【基于】→【透明像素】裁切，还可以选择【基于】→【左上角像素颜色】或者【基于】→【右下角像素颜色】进行裁切，这两个选项可以裁切多余的纯色背景。

图 2-31

2.3 认识与应用图层

在 Photoshop 中，用户使用图层可以将不同图像放置在不同的图层中，在编辑图像时可起到区分图像位置的作用。本节将介绍图层的相关知识。

2.3.1 认识图层及原理

从管理图像的角度来看，图层就像是保管图像的"文件夹"；从图像合成的角度来看，图层就如同堆叠在一起的透明纸，每一张纸（图层）上都保存着不同的图像，用户可以透过上面图层的透明区域看到下面图层中的图像。

各图层中的对象都可以单独处理，而不会影响其他图层中的内容。图层可以移动，也可以调整堆叠顺序，如图 2-32 所示为【图层】面板，如图 2-33 所示为图像效果。

图 2-32   图 2-33

除"背景"图层外，其他图层都可以通过调整不透明度让图像内容变得透明；修改"混合模式"，可以让上下层之间的图像产生特殊的混合效果。不透明度和混合模式可以反复调整，而不会损伤图像；通过眼睛图标 ，可以隐藏或显示图层，图层名称左侧的图像是该图层的缩览图，它显示了图层中包含的图像内容，而缩览图中的灰白棋盘格代表了图像的透明区域。如果隐藏所有图层，那么整个文档窗口都会变为棋盘格。

图层的主要功能是将当前图像组成关系清晰地显示出来，以方便用户快捷地对各图层分别进行编辑修改。

2.3.2 新建与选择图层

用户可以在【图层】面板中创建一个普通透明图层；在对某个对象进行操作之前，首先在【图层】面板中选中该对象所在的图层，然后再进行相应的操作。本节将介绍新建与选择图层的方法。

操作步骤

第1步 在【图层】面板底部单击【创建新图层】按钮⊞，如图2-34所示。

图 2-34

第3步 单击"图层1"即可选中该图层，如图2-36所示。

图 2-36

第2步 可以看到在"图层1"的上一层创建了一个名为"图层2"的新图层，如图2-35所示。

图 2-35

第4步 单击【图层】面板空白处即可取消选择，如图2-37所示。

图 2-37

2.3.3 复制与删除图层

在 Photoshop 中，用户可以将选择的图层复制，然后对一个图层上的同一图像设置出不同的效果；若不再需要该效果，也可将该图层删除。本节将介绍复制与删除图层的操作。

操作步骤 Step by Step

第1步 在【图层】面板中选中"图层1"图层，然后在面板底部单击【删除图层】按钮 🗑，如图 2-38 所示。

第2步 可以看到"图层1"图层已经被删除，如图 2-39 所示。

图 2-38

图 2-39

第3步 拖动"图层2"图层至面板底部的【创建新图层】按钮 ⊞ 上，如图 2-40 所示。

第4步 释放鼠标，即可得到一个名为"图层2拷贝"的图层，完成复制操作，如图 2-41 所示。

图 2-40

图 2-41

2.3.4 实战——调整图层顺序与合并

　　将一个图层拖曳到另一个图层的上面或下面，即可调整图层的顺序。图层合并可以减小文件的大小，释放内存空间，图层数量变少后，既便于管理，也便于快速找到需要的图层。

<< 扫码获取配套视频课程，本节视频课程播放时长约为 30 秒。

  配套素材路径：配套素材\第2章\素材文件\2.3.4
素材文件名称：Banner.psd

操作步骤   Step by Step

第1步 打开图像素材，在【图层】面板中展开"组 2"文件夹，拖动"图层 22"至该组的最上方，如图 2-42 所示。

第2步 释放鼠标后，即可完成图层顺序的调整，画面效果如图 2-43 所示。

图 2-42

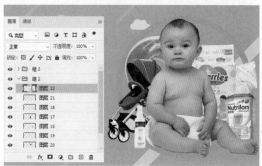

图 2-43

第3步 选中"组 2"文件夹中的所有图层，如图 2-44 所示。

第4步 ❶单击【图层】菜单，❷选择【合并图层】菜单项，如图 2-45 所示。

图 2-44

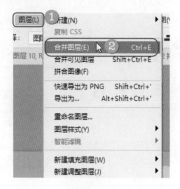

图 2-45

第5步 可以看到"组2"文件夹中的图层合并为一个名为"图层22"的图层，如图2-46所示。

■ 智慧锦囊

　　除了执行【图层】→【合并图层】命令对图层进行合并外，用户按Ctrl+E组合键，也能完成合并图层的操作。

　　执行【图层】→【合并可见图层】命令，可以将【图层】面板中的所有可见图层合并为"背景"图层，快捷键是Ctrl+Shift+E。

图2-46

2.3.5 实战——移动与对齐图层

　　用户使用移动工具可以完成移动图层的操作。在美工设计工作中，需要将某些元素进行对齐操作，来达到美观整齐的目的，此时用户可以使用【对齐】命令来实现。

　　<< 扫码获取配套视频课程，本节视频课程播放时长约为26秒。

 配套素材路径：配套素材\第2章\素材文件\2.3.5
素材文件名称：名片.psd

操作步骤　　　　　　　　　　　　　　　　　　　　　　　Step by Step

第1步 打开图像素材，在【图层】面板中展开"组5"文件夹，选中"YOUR LOGO"文字图层，使用移动工具拖动，如图2-47所示。

第2步 释放鼠标后，文字位置发生改变，完成移动图层操作，如图2-48所示。

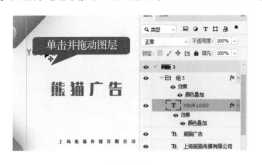

图2-47

图2-48

第3步 在【图层】面板中选中三个文字图层，如图2-49所示。

第4步 在移动工具选项栏中单击【右对齐】按钮，如图2-50所示。

图 2-49

图 2-50

第5步 可以看到三个文字图层完成右对齐操作，如图2-51所示。

图 2-51

2.3.6 实战——分布图层

如果要让三个或更多的图层按照一定的规律均匀分布，可以使用移动工具选项栏中的分布功能。下面介绍分布图层的方法。

<< 扫码获取配套视频课程，本节视频课程播放时长约为16秒。

配套素材路径：配套素材\第2章\素材文件\2.3.6

素材文件名称：名片.psd

操作步骤 Step by Step

第1步 打开图像素材，在【图层】面板中选中三个文字图层，如图2-52所示。

第2步 在工具箱中单击【移动工具】按钮，在移动工具选项栏中单击【垂直分布】按钮，如图2-53所示。

图 2-52

第3步 可以看到三个文字图层的垂直方向的间隔已经相等，如图 2-54 所示。

图 2-53

■ 智慧锦囊

    Photoshop 为用户准备了 8 种分布模式，包括垂直分布、垂直顶部分布、垂直居中分布、底部分布、左分布、水平分布、水平居中分布、右分布。

图 2-54

2.4 创建与使用选区

    在 Photoshop 中处理图像时，经常需要对局部效果进行调整，这就需要创建选区。本节将详细介绍创建与使用选区的相关知识。

2.4.1 什么是选区

    选区是指通过工具或者命令在图像上创建的选取范围。创建选区轮廓后，用户可以在选区内进行复制、移动、填充或颜色校正等操作。如图 2-55 所示，选区为蓝色背景部分。使用选区，可以将编辑限定在一定的区域内，选区以外的内容将不受编辑影响。

2.4.2 选区的基本操作

    在 Photoshop 中，用户可以对创建的选区进行全选和反选、取消选择与重新选择、进行选区运算、移动选区以及隐藏与显示选区等操作。下面将详细介绍选区的基本操作方面的知识与技巧。

图 2-55

1. 全选和反选

执行【选择】→【全部】命令或按 Ctrl+A 组合键，可以选择当前文档边界内的全部图像，如图 2-56 所示。

图 2-56

创建选区后，执行【选择】→【反选】命令或按 Ctrl+Shift+I 组合键，可以反转选区。如果需要选择对象的背景色比较简单，可以先用魔棒工具选择背景，如图 2-57 所示，再用【反选】命令反转选区，如图 2-58 所示。

2. 取消选择与重新选择

创建选区后，执行【选择】→【取消选择】命令或按 Ctrl+D 组合键，可以取消选择。如果要恢复被取消的选区，可以执行【选择】→【重新选择】命令。

图 2-57   图 2-58

3. 选区的运算

在 Photoshop 中，由于素材图像可能比较复杂，用户可以对已经创建的选区进行添加到选区和从选区减去等操作，对选区进行完善，以达到创建完全符合需要的选区的目的。如图 2-59 所示为工具选项栏中的选区运算按钮。

图 2-59

> 【新选区】按钮 ▣：单击该按钮后，如果图像没有选区，可以创建一个选区；如果图像中有选区存在，那么新创建的选区会替换原有的选区。
> 【添加到选区】按钮 ▣：单击该按钮后，可在原有选区的基础上添加新的选区。
> 【从选区减去】按钮 ▣：单击该按钮后，可在原有选区中减去新创建的选区。
> 【与选区交叉】按钮 ▣：单击该按钮后，画面中只保留原有选区与新创建选区相交的部分。

🖊️ 知识拓展

如果当前图像中有选区存在，那么使用选框工具、套索工具和魔棒工具继续创建选区时，按住 Shift 键操作，可以在当前选区上添加选区，相当于单击【添加到选区】按钮 ▣；按住 Alt 键操作可以在当前选区中减去绘制的选区，相当于单击【从选区减去】按钮 ▣；按住 Shift+Alt 组合键操作可以得到与当前选区相交的选区，相当于单击【与选区交叉】按钮 ▣。

4. 移动选区

使用矩形选框工具、椭圆选框工具创建选区时，在放开鼠标按键前，按住空格键拖动鼠标，即可移动选区。

创建选区后，如果新选区按钮为按下状态，那么使用选框工具、套索工具和魔棒工具时，只要将光标放在选区内，按住鼠标左键拖动即可移动选区。如果要轻微移动选区，可以按键盘中的←、→、↑、↓键。

5. 隐藏与显示选区

创建选区后，执行【视图】→【显示】→【选区边缘】命令或按 Ctrl+H 组合键，可以隐藏选区。如果要用画笔绘制选区边缘的图像，或者对选中的图像应用滤镜，将选区隐藏之后，可以更加清楚地看到选区边缘图像的变化情况。

隐藏选区后，选区虽然看不见了，但它仍然存在，并限定操作的有效区域。如果需要重新显示选区，可以再次按 Ctrl+H 组合键。

2.4.3 实战——矩形和椭圆形选区

本节将介绍使用矩形选框工具创建选区并抠图和使用椭圆选框工具绘制选区并填充颜色的实战案例。

<< 扫码获取配套视频课程，本节视频课程播放时长约为 56 秒。

📁 配套素材路径：配套素材\第2章\素材文件\2.4.3
⬇ 素材文件名称：1.jpg、2.jpg

操作步骤   Step by Step

第1步 打开"1.jpg"图像素材，在工具箱中单击【矩形选框工具】按钮 ，在图片中创建一个矩形选区，如图 2-60 所示。

第2步 按 Ctrl+J 组合键，拷贝选区内的图像，创建一个新图层，并隐藏"背景"图层，效果如图 2-61 所示。

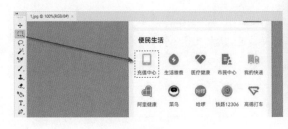

图 2-60

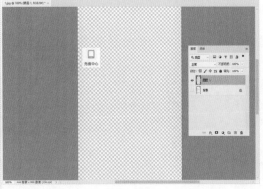

图 2-61

第3步 打开 "2.jpg" 图像素材，在工具箱中单击【椭圆选框工具】按钮 ⭕，在工具选项栏【羽化】文本框中输入数值，在图片中按住鼠标左键拖动创建一个椭圆选区，如图 2-62 所示。

第4步 在工具箱中单击【吸管工具】按钮 🖊，在图片上单击吸取颜色，如图 2-63 所示。

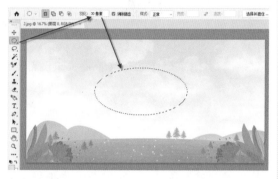

图 2-62

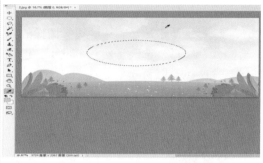

图 2-63

第5步 前景色已经变为刚刚吸取的颜色，按 Alt+Delete 组合键为选区填充前景色，如图 2-64 所示。

第6步 按 Ctrl+D 组合键取消选区，完成为选区填充颜色的操作，效果如图 2-65 所示。

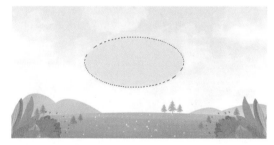

图 2-64

图 2-65

2.4.4 实战——使用套索工具制作任意选区

使用套索工具可以绘制不规则形状的选区，本节将介绍使用套索工具制作任意选区的实战案例。使用套索工具制作选区的操作，适用于图片背景为单一颜色的素材。

<< 扫码获取配套视频课程，本节视频课程播放时长约为 35 秒。

配套素材路径：配套素材\第2章\素材文件\2.4.4
素材文件名称：伞.psd

操作步骤

第1步 打开图像素材，在工具箱中单击【套索工具】按钮 ◯.，在图片中按住鼠标左键拖动绘制选区，如图 2-66 所示。

第2步 将光标定位到起始位置，释放鼠标即可得到闭合选区，如图 2-67 所示。

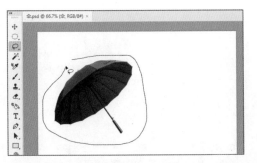

图 2-66

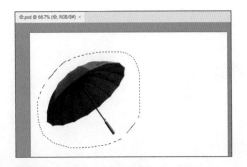

图 2-67

第3步 按 Ctrl+J 组合键，拷贝选区，创建一个新图层。使用移动工具移动新图层，得到两个相同的雨伞对象。按 Ctrl+E 组合键，复制的雨伞四周出现变换框，右击雨伞，选择【水平翻转】菜单项，如图 2-68 所示。

第4步 完成使用套索工具制作选区的操作，效果如图 2-69 所示。

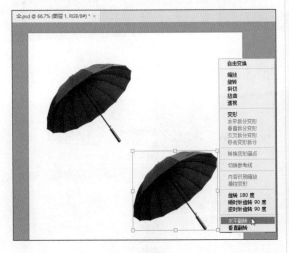

图 2-68

图 2-69

2.4.5 实战——使用选区描边功能

描边是指为图层边缘、选区边缘或路径边缘绘制边框效果的操作。本节将详细介绍为商品展示图创建选区并添加描边的实战案例。

<< 扫码获取配套视频课程，本节视频课程播放时长约为39秒。

 配套素材路径：配套素材\第2章\素材文件\2.4.5
素材文件名称：商品展示1.jpg

操作步骤   Step by Step

第 1 步 打开图像素材，在工具箱中单击【魔棒工具】按钮，在图片的白色背景上框选创建选区，如图 2-70 所示。

图 2-70

第 3 步 选区变为商品的一圈边缘，如图 2-72 所示。

图 2-72

第 2 步 ❶单击【选择】菜单，❷选择【反选】菜单项，如图 2-71 所示。

图 2-71

第 4 步 ❶单击【编辑】菜单，❷选择【描边】菜单项，如图 2-73 所示。

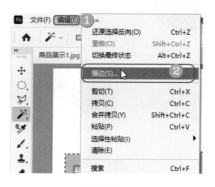

图 2-73

【第 5 步】打开【描边】对话框，❶选中【居外】单选按钮，❷单击【颜色】色块，如图 2-74 所示。

【第 6 步】打开【拾色器】对话框，❶设置 RGB 数值，❷单击【确定】按钮，如图 2-75 所示。

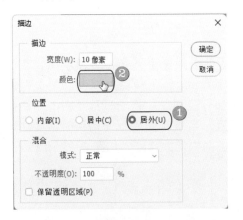

图 2-74

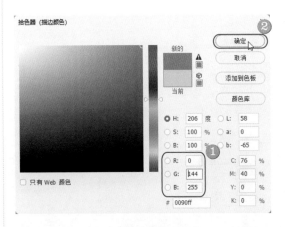

图 2-75

【第 7 步】返回【描边】对话框，单击【确定】按钮，如图 2-76 所示。

【第 8 步】可以看到选区边缘添加了一圈蓝色描边，按 Ctrl+D 组合键取消选区，即可完成使用选区描边的操作，如图 2-77 所示。

图 2-76

图 2-77

2.5 变换图像

在 Photoshop 中，移动、旋转和缩放称为变换操作，扭曲和斜切则称为变形操作。Photoshop 可以对整个图层、多个图层、图层蒙版、选区、路径、矢量形状、矢量蒙版和 Alpha 通道等项进行变换和变形处理。本节将介绍【自由变换】命令相关的知识。

2.5.1 缩放与旋转图像

在 Photoshop 中，用户可以使用【自由变换】命令对图像进行角度和大小的修改。下面介绍使用【自由变换】命令缩放与旋转图像的方法。

操作步骤

第1步 选中需要缩放的图层，❶单击【编辑】菜单，❷选择【自由变换】菜单项，如图 2-78 所示。

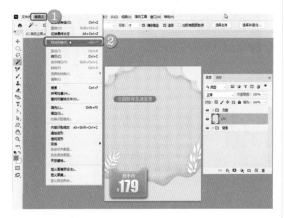

图 2-78

第3步 移至合适位置释放鼠标左键，可以看到对象已经等比例放大，如图 2-80 所示。将光标移至控制点上，当指针变为双向箭头时，按住鼠标左键向左下方移动，可以缩小对象。

图 2-80

第2步 对象进入自由变换状态，四周出现定界框，4 个角点处以及 4 条边框的中间都有控制点。将光标移至右上角的控制点上，当指针变为双向箭头时，按住鼠标左键向右上方移动，如图 2-79 所示。

图 2-79

第4步 将光标移动至 4 个角点处的任意一个控制点上，当其变为弧形的双箭头后，按住鼠标左键拖动，如图 2-81 所示。

图 2-81

第5步 可以看到对象的角度发生改变，完成旋转操作，如图 2-82 所示。

■ 智慧锦囊

　　完成变换操作后，按 Enter 键确认操作；如果要取消正在进行的变换操作，可以按 Esc 键。

　　如果没有显示中心点，可以勾选选项栏中的【切换参考点】复选框。

　　打开一张图片后，如果发现无法使用【自由变换】命令，可能是因为打开的图片只包含一个"背景"图层。单击"背景"图层中的🔒标志，将其转换为普通图层，就可以使用【自由变换】命令了。

图 2-82

2.5.2 扭曲与斜切图像

　　使用【自由变换】命令可以扭曲、斜切图像，下面介绍使用【自由变换】命令扭曲与斜切图像的方法。

操作步骤　　　　　　　　　　　　　　　　　Step by Step

第1步 选中需要扭曲的图层，按 Ctrl+T 组合键进入自由变换状态，右击对象，选择【扭曲】菜单项，如图 2-83 所示。

第2步 按住鼠标左键拖动上、下控制点，可以进行水平方向的扭曲，如图 2-84 所示。

图 2-83

图 2-84

第3步 按住鼠标左键拖动左、右控制点，可以进行垂直方向的扭曲，如图 2-85 所示。

图 2-85

第5步 按住鼠标左键拖动控制点，即可看到斜切效果，如图 2-87 所示。

■ 智慧锦囊

　　除了扭曲和斜切效果外，使用【自由变换】命令还可以制作透视、变形、旋转 180°、顺时针旋转 90°、逆时针旋转 90°、水平翻转以及垂直翻转等效果。

第4步 选中需要扭曲的图层，按 Ctrl+T 组合键进入自由变化状态，右击对象，选择【斜切】菜单项，如图 2-86 所示。

图 2-86

图 2-87

2.5.3　实战——使用自由变换填充背景

　　本实战案例将介绍使用【自由变换】命令填充背景的操作，该操作适用于商品图片背景杂乱的情况。下面介绍使用【自由变换】命令填充背景的方法。

　　≪ 扫码获取配套视频课程，本节视频课程播放时长约为 43 秒。

 配套素材路径：配套素材\第2章\素材文件\2.5.3
素材文件名称：1.jpg

第1步 打开图像素材，如图2-88所示。

图2-88

第3步 可以看到画布变大，原来图片两边多出空白部分。使用矩形选框工具在图像左侧创建选区，如图2-90所示。

图2-90

第5步 使用相同方法将右侧空白部分填满，效果如图2-92所示。

第2步 执行【图像】→【画布大小】命令，打开【画布大小】对话框，❶设置【宽度】选项数值，❷单击【确定】按钮，如图2-89所示。

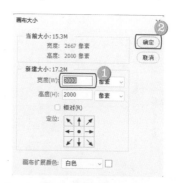

图2-89

第4步 按Ctrl+T组合键进入自由变换状态，将光标放在自由变换定界框左侧中间的控制点上，按住鼠标左键往左拖动，扩大选区，如图2-91所示。

图2-91

图2-92

2.5.4 实战——保留主体并调整图像比例

普通缩放方法在调整图像大小时会影响所有像素，而【内容识别比例】命令则主要影响没有重要可视内容区域中的像素。下面介绍保留主体并调整图像比例的方法。

<< 扫码获取配套视频课程，本节视频课程播放时长约为 29 秒。

配套素材路径：配套素材\第2章\素材文件\2.5.4
素材文件名称：Banner.jpg

操作步骤   Step by Step

第1步 打开图像素材，❶单击【编辑】菜单，❷选择【内容识别缩放】菜单项，如图 2-93 所示。

图 2-93

第3步 移至合适位置释放鼠标左键，按 Enter 键确认，可以看到只有背景部分被压缩，人物依旧保持不变，效果如图 2-95 所示。

第2步 图像四周出现定界框，将光标移至左侧中间的控制点上，当指针变为双向箭头形状时，按住鼠标左键向右移动，缩小画面宽度，如图 2-94 所示。

图 2-94

图 2-95

2.6 色彩与颜色的应用

在 Photoshop 中选取颜色后，用户可以对图像进行填充、描边、设置图层颜色等操作，Photoshop 提供了非常全面的颜色选择工具，能满足用户绘制色彩图像的大量需求。本节将重点介绍选取与设置颜色方面的知识。

2.6.1　前景色和背景色

Photoshop 工具箱底部有一组前景色和背景色设置图标，如图 2-96 所示。前景色决定了使用绘画工具（画笔和铅笔）绘制线条，以及使用文字工具创建文字时的颜色；背景色则决定了使用橡皮擦工具擦除图像时，被擦除区域所呈现的颜色。此外，增加画布大小时，新增的画布也用背景色填充。

前景色通常被用于绘制图像、填充某个区域以及描边选区等。背景色通常起到辅助作用，常用于生成渐变填充和填充图像中被删除的区域。一些特殊滤镜也需要使用前景色和背景色，如"纤维"滤镜和"云彩"滤镜。

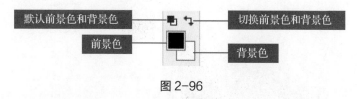

图 2-96

2.6.2　在拾色器中选取颜色

单击【前景色】或【背景色】色块，随即会打开【拾色器】对话框。拾色器是 Photoshop 中最常用的颜色设置工具，不仅在设置前景色 / 背景色时要用到，很多颜色设置（如文字颜色、矢量图形颜色等）都需要使用它。

以设置"前景色"为例，❶单击工具箱底部的【前景色】色块，打开【拾色器】对话框，❷拖动颜色滑块到相应的色相范围内，❸将光标放在左侧的色域中，单击即可选择颜色。❹设置完毕后单击【确定】按钮完成操作，如图 2-97 所示。

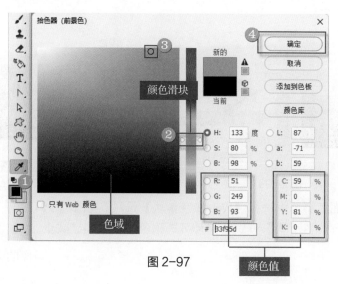

图 2-97

2.6.3 使用 Web 安全色

不同的平台有不同的调色板，不同的浏览器也有自己的调色板。这就意味着对于同一幅图，显示在 Mac 上 Web 浏览器中的图像，与它在 PC 上相同浏览器中显示的效果可能差别很大。为了解决 Web 调色板的问题，人们指定一组在所有浏览器中都类似的 Web 安全颜色，以确保制作出的网页颜色能够在所有的操作系统或显示器中显示相同的效果。

在【拾色器】对话框中选择颜色时，勾选左下角的【只有 Web 颜色】复选框，可以看到色域中的颜色明显减少，此时选择的颜色皆为 Web 安全色，如图 2-98 所示。

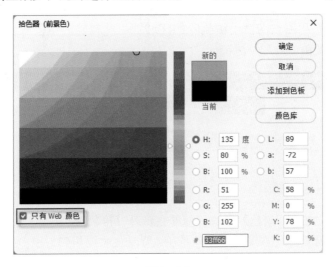

图 2-98

执行【窗口】→【颜色】命令，打开【颜色】面板，默认情况下显示的是"色相立方体"。如图 2-99 所示，在面板菜单中选择【建立 Web 安全曲线】选项，可以看到颜色明显减少，结果如图 2-100 所示。

图 2-99

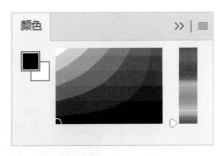

图 2-100

在【颜色】面板菜单中选择【Web 颜色滑块】选项，如图 2-101 所示，【颜色】面板会自动切换为"Web 颜色滑块"模式，并且可选颜色的数量明显减少。

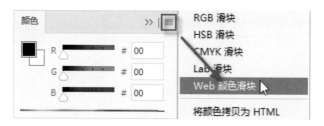

图 2-101

2.6.4　实战——用吸管工具拾取颜色

本实战案例将介绍使用吸管工具拾取颜色的操作。这个操作可以借鉴其他优秀作品的色彩搭配，对新媒体美工新手来说是非常实用的。

<<　扫码获取配套视频课程，本节视频课程播放时长约为 38 秒。

配套素材路径：配套素材\第2章\素材文件\2.6.3
素材文件名称：1.jpg

操作步骤　　　　　　　　　　　　　　　　　　　　　Step by Step

第1步　打开图像素材，在工具箱中单击【吸管工具】按钮 ，在需要拾取颜色的位置单击，如图 2-102 所示。

第2步　执行【窗口】→【色板】命令，打开【色板】面板，单击【创建新色板】按钮 ⊞，如图 2-103 所示。

图 2-102

图 2-103

第3步 打开【色板名称】对话框，设置色板名称，单击【确定】按钮，如图 2-104 所示。

图 2-104

第5步 使用相同方法吸取画面上的其他颜色并保存到【色板】面板中，如图 2-106 所示。

图 2-106

第4步 可以看到刚刚吸取的颜色已经存储在【色板】面板中，如图 2-105 所示。

图 2-105

■ 智慧锦囊

吸管工具选项栏中包括【取样大小】选项、【样本】选项以及【显示取样环】复选框三个部分。【取样大小】选项用来设置吸管工具的取样范围；【样本】选项决定取样的图层范围；勾选【显示取样环】复选框，拾取颜色时会显示取样环。

2.7 实战案例与应用

经过前面的学习，相信大家对 Photoshop 的基础操作已经有了一定的了解，接下来将通过实战案例与应用巩固所学知识。

2.7.1 制作网店促销广告

本案例将制作网店促销广告，涉及的知识点有使用椭圆选框工具绘制选区、为选区填充颜色、为选区添加描边、裁剪图像大小等。

＜＜扫码获取配套视频课程，本节视频课程播放时长约为 1 分 19 秒。

 配套素材路径：配套素材\第2章\素材文件\2.7.1

素材文件名称：背景.jpg、促销文字.png、舞台.png、满减文字.png

第1步　打开"背景 .jpg"和"舞台 .png"素材，使用移动工具将"舞台 .png"素材拖入"背景 .jpg"素材中，移动至合适的位置，如图 2-107 所示。

第2步　新建图层，按住 Shift 键，使用椭圆选框工具绘制正圆，使用吸管工具吸取舞台上的颜色，如图 2-108 所示。

图 2-107

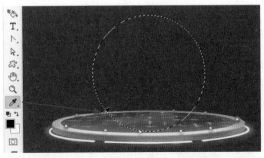

图 2-108

第3步　按 Alt+Delete 组合键，为选区填充前景色。创建新图层，继续按住 Shift 键使用椭圆选框工具绘制正圆，再使用吸管工具吸取舞台上的颜色，如图 2-109 所示。

第4步　按 Alt+Delete 组合键，为选区填充前景色。执行【编辑】→【描边】命令，打开【描边】对话框，❶选中【居中】单选按钮，❷设置【颜色】选项为黑色，❸单击【确定】按钮，如图 2-110 所示。

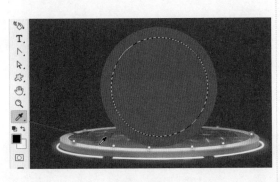

图 2-109

图 2-110

第5步　按 Ctrl+D 组合键取消选区，打开"促销文字 .png"和"满减文字 .png"素材，将两个素材拖入"背景 .jpg"素材中，调整大小并摆放在合适的位置，如图 2-111 所示。

第6步　使用裁剪工具裁剪画面宽度，如图 2-112 所示。

图 2-111

图 2-112

■ 智慧锦囊

　　填充背景色的快捷键是 Ctrl+Delete。

2.7.2 制作公众号求关注界面

　　在制作公众号求关注界面时，先运用矩形工具绘制出虚线框，加上适当的装饰性图形后，再放入二维码，配上一些说明性的文字，就可以清晰准确地将信息传达给读者。

　　<< 扫码获取配套视频课程，本节视频课程播放时长约为 2 分 20 秒。

 配套素材路径：配套素材\第2章\素材文件\2.7.2
素材文件名称：二维码.jpg、手机界面.jpg、头像.jpg

||| 操作步骤　　　　　　　　　　　　　　　　　　　　Step by Step

第1步　打开 Photoshop，创建新文档，参数如图 2-113 所示。

第2步　在工具箱中单击【矩形工具】按钮□，沿画布边缘绘制一个矩形形状，参数如图 2-114 所示。

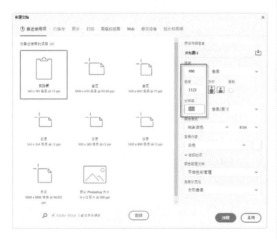

图 2-113

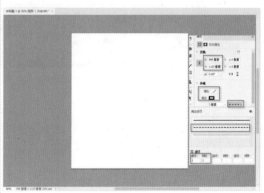

图 2-114

第 3 步　打开"头像 .jpg"素材，使用移动工具将其拖入新创建的文档中，调整大小和摆放位置，如图 2-115 所示。

图 2-115

第 4 步　使用椭圆选框工具绘制一个正圆，如图 2-116 所示。

图 2-116

第 5 步　按 Ctrl+Shift+I 组合键反选选区，按 Delete 键删除选区内的图像，如图 2-117 所示。

图 2-117

第 6 步　按 Ctrl+D 组合键取消选区，设置前景色 RGB 数值分别为 193、34、50。新建一个图层，选中矩形工具，在选项栏设置【选择工具模式】为"像素"，按住 Shift 键绘制一个正方形，调整形状的旋转角度为 45°，使用矩形选框工具框选一半矩形，如图 2-118 所示。

图 2-118

第7步 在选区内右击，选择【通过剪切的图层】菜单项，将选区内的图像剪切为一个新图层，使用移动工具移动图像至合适位置，效果如图 2-119 所示。

第8步 按住 Ctrl 键，单击"图层 3"的缩览图，将其载入选区；设置前景色的 RGB 数值分别为 19、27、73，为选区填充前景色。取消选区，效果如图 2-120 所示。

图 2-119

图 2-120

第9步 使用横排文字工具输入文本内容，设置字体为"方正大黑简体"，大小为 12 点，颜色 RGB 数值分别为 58、58、58，效果如图 2-121 所示。

第10步 按 Ctrl+J 组合键复制文字图层，输入新内容，设置文字大小为 10 点，效果如图 2-122 所示。

图 2-121

图 2-122

第11步 打开"二维码.jpg"素材，将其拖入新创建的文档中，调整大小和摆放位置。使用横排文字工具输入内容，设置字体为"方正细黑一简体"，大小为 10 点，颜色 RGB 数值分别为 58、58、58，效果如图 2-123 所示。

第12步 按 Ctrl+Shift+Alt+E 组合键盖印可见图层，得到"图层 5"。打开"手机界面.jpg"素材，使用移动工具将"图层 5"拖入"手机界面.jpg"素材中，适当调整摆放位置，效果如图 2-124 所示。

图 2-123

图 2-124

2.8 思考与练习

一、填空题

1. 在 Photoshop 中，用户若想绘制或编辑图像，首先需要新建一个_____，然后才可以继续进行其他操作。

2. 按_____组合键能打开【图像大小】对话框。

二、判断题

1. 修改图像的尺寸不会影响图像的质量及其打印特性。   （   ）

2. 各图层中的对象可以单独处理，不会影响其他图层中的内容。   （   ）

三、思考题

1. 如何使用矩形选框工具？

2. 如何使用吸管工具拾取颜色？

第3章
商品图片美化与调色

本章主要介绍商品图片美化与调色的知识，包括使用画笔和橡皮擦工具、修复图像瑕疵、图像修饰与清晰度处理、自动校正图像颜色、调整图像明暗度以及调整图像色彩等内容。通过对本章内容的学习，读者可以掌握使用Photoshop美化图片与调色的方法，为深入学习新媒体电商美工设计与广告制作奠定基础。

扫码获取本章素材

3.1 使用画笔和橡皮擦工具

在 Photoshop 中，用户使用工具箱中的画笔工具和橡皮擦工具，可以模拟传统介质进行绘画。本节将介绍这些工具的使用方法。

3.1.1 画笔工具

画笔工具类似于传统的毛笔，使用前景色绘制线条。画笔不仅能够绘制图画，还可以修改蒙版和通道。如图 3-1 所示为画笔工具选项栏。

图 3-1

其中的选项介绍如下。

- "画笔预设"选取器：单击【画笔】选项右侧的按钮，可以打开"画笔预设"选取器面板。在面板中可以选择笔尖，设置画笔的大小和硬度参数，如图 3-2 所示。

- 【模式】下拉列表框：在下拉列表框中可以选择画笔笔迹颜色与下面像素的混合模式。

- 【不透明度】下拉列表框：在下拉列表框中可以设置画笔的不透明度，该值越低，线条的透明度越高。

- 【流量】下拉列表框：在下拉列表框中可以设置当光标移动到某个区域上方时应用颜色的速率。在某个区域上方涂抹时，如果一直按住鼠标左键，颜色将根据流动速率增加，直至达到不透明度设置。

- 【喷枪】按钮：单击该按钮，可以启用喷枪功能，Photoshop 会根据按住鼠标左键时的时间长度确定画笔线条的填充数量。

- 【平滑】下拉列表框：在下拉列表框中可以设置所绘线条的流畅程度，数值越高线条越平滑。

- 【角度】文本框：在文本框中可以设置笔尖的旋转角度。

- 【绘图板压力】按钮：单击这个按钮后，用数位板绘画时，光笔压力可覆盖【画笔】面板中的不透明度和大小设置。

- 【对称】下拉按钮：设置绘画的对称选项，选项如图 3-3 所示。

图 3-2 　　　　　　　　　　 图 3-3

📝 知识拓展

　　在使用画笔工具绘画时，可以按数字键 0~9 来调整画笔的【不透明度】选项，数字 1 代表 10%，数字 2 代表 20%，以此类推（数字 0 代表 100%）。

3.1.2　橡皮擦工具

　　橡皮擦工具用来擦除图像，如图 3-4 所示为该工具的选项栏。如果处理的是"背景"图层或锁定了透明区域的图层，涂抹区域会显示为背景色；处理其他图层时，则可擦除涂抹区域的像素。

图 3-4

其中的选项介绍如下。
- 【模式】下拉列表框：在下拉列表可以选择橡皮擦的种类。
- 【不透明度】下拉列表框：在下拉列表框中可以设置工具的擦除强度。将【模式】设置为【块】选项时，不能使用该选项。
- 【流量】下拉列表框：在下拉列表框中可以控制工具的涂抹速度。
- 【抹到历史记录】复选框：勾选该复选框后，在【历史记录】面板选择一个状态或快照，在擦除时可以将图像恢复为指定状态。

3.1.3 实战——使用画笔和橡皮擦工具制作打折海报

　　本案例介绍使用画笔和橡皮擦工具制作打折海报的方法，需要使用到的知识点有创建文档，使用画笔工具绘制直线，使用横排文字工具输入文本，使用橡皮擦工具涂抹文字等。

<< 扫码获取配套视频课程，本节视频课程播放时长约为 1 分 20 秒。

操作步骤　　　　　　　　　　　　　　　　　　　　　　　　Step by Step

第 1 步 创建一个 450×600 的文档，在工具箱中单击【画笔工具】按钮 🖌️，在选项栏中设置【模式】选项为"正常"，单击【画笔设置】按钮 🖌️，打开【画笔设置】面板，设置参数如图 3-5 所示。

图 3-5

第 3 步 使用相同方法绘制其他 3 条直线笔触，如图 3-7 所示。

第 2 步 新建一个图层，设置前景色 RGB 数值分别为 140、218、28，按住 Shift 键的同时单击并拖动鼠标左键向下移动，绘制一条直线笔触，如图 3-6 所示。

图 3-6

第 4 步 单击【横排文字工具】按钮 T，在选项栏设置字体、字号，文字颜色设为黑色，输入文本。在【图层】面板中右击文字图层，选择【栅格化文字】菜单项，如图 3-8 所示。

图 3-7

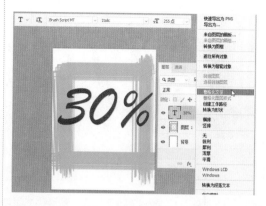

图 3-8

第 5 步　单击【橡皮擦工具】按钮 ，在选项栏设置【模式】选项为"画笔"，设置【不透明度】为100%，单击【画笔设置】按钮 ，打开【画笔设置】面板，设置参数如图 3-9 所示。

第 6 步　在数字"3"上涂抹擦除部分黑色区域，如图 3-10 所示。

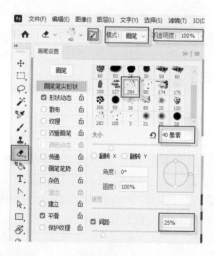

图 3-9

图 3-10

第 7 步　使用相同方法擦除其他部位黑色区域，如图 3-11 所示。

第 8 步　再次使用横排文字工具输入文字，设置字体、字号，效果如图 3-12 所示。

图 3-11

图 3-12

3.2 修复图像瑕疵

　　Photoshop 提供了大量专业的照片修复工具，如仿制图章工具和图案图章工具、修复画笔工具和修补工具等。本节将详细介绍修复图像瑕疵的相关知识。

3.2.1 仿制图章和图案图章

　　用户使用仿制图章工具可以拷贝图形中的信息，同时将其应用到其他位置，一般用于修复图像中的污点、褶皱和光斑等；图案图章工具可以利用 Photoshop 提供的图案或用户自定义的图案进行绘画。下面介绍使用仿制图章工具和图案图章工具的方法。

操作步骤　　　　　　　　　　　　　　　　　　　　　　　　　　　　　　Step by Step

　【第 1 步】 打开图像素材，照片中女孩右侧有多余的人物，需要使用仿制图章工具将其遮住，如图 3-13 所示。

　【第 2 步】 按 Ctrl+J 组合键复制背景图层，得到 "图层 1"。单击【仿制图章工具】按钮 ▲，在选项栏中单击【画笔设置】按钮 ▲，打开【画笔设置】面板。设置参数后，将光标放在画面左侧的树叶上，按住 Alt 键单击进行取样，如图 3-14 所示。

图 3-13

图 3-14

第3步 释放 Alt 键在多余的人物身上涂抹，用树叶将其遮盖，如图 3-15 所示。

第4步 将多余的人物全部遮盖住后，即可完成使用仿制图章工具的操作，效果如图 3-16 所示。

图 3-15

图 3-16

第5步 打开图像素材，按 Ctrl+J 组合键复制背景图层，得到"图层 1"，如图 3-17 所示。

第6步 打开【路径】面板，按住 Ctrl 键单击"路径 1"缩略图，载入汽车车身选区，如图 3-18 所示。

图 3-17

图 3-18

第 7 步 单击【图案图章工具】按钮 ，
在选项栏中设置【模式】选项为"线性加深"，
单击【图案拾色器】下拉按钮 ，选择一
个图案，如图 3-19 所示。

第 8 步 在选区内按住鼠标左键涂抹，绘
制图案，按 Ctrl+D 组合键取消选区，完成
使用图案图章工具的操作，效果如图 3-20
所示。

图 3-19

图 3-20

3.2.2 修复画笔工具

修复画笔工具可将样本像素的纹理、光照、透明度和阴影与所修复的像素进行匹配，使
修复后的像素不留痕迹地融入图像中。

修复画笔工具选项栏如图 3-21 所示。

图 3-21

其中的选项介绍如下。

➢ 【模式】下拉列表框：在下拉列表框中可以设置修复图像的混合模式。其中【替换】
  选项比较特殊，它可以保留画笔描边边缘处的杂色、胶片颗粒和纹理，使修复效果
  更加真实。

➢ 【源】选项：设置用于修复像素的来源。单击【取样】按钮，可以直接从图像上取样；
  单击【图案】按钮，可以在图案下拉列表中选择一个图案作为图案图章绘制图案。

➢ 【对齐】复选框：勾选该复选框，会对像素进行连续取样，也就是在修复过程中，
  取样点随修复位置的移动而变化；取消勾选该复选框，则在修复过程中总以一个取
  样点为起始点。

➢ 【样本】下拉列表框：在下拉列表框中可以设置从指定的图层中进行数据取样。如
  果要从当前图层及其下方的可见图层中取样，可以选择【当前和下方图层】选项；

　　如果仅从当前图层中取样，可以选择【当前图层】选项；如果要从所有可见图层中取样，可以选择【所有图层】选项；如果要从调整图层以外的所有可见图层中取样，可以选择【所有图层】选项，然后单击右侧的【打开以在修复时忽略调整图层】按钮 。

　　下面介绍使用修复画笔工具的方法。

操作步骤　　　　　　　　　　　　　　　　　　　　　　　Step by Step

第1步 打开图像素材，单击【修复画笔工具】按钮 ✐.，在工具选项栏中选择一个柔角笔尖，在【模式】下拉列表中选择"替换"，将【源】选项设置为"取样"，将光标放在没有皱纹的皮肤上，按住 Alt 键的同时单击进行取样，如图 3-22 所示。

第2步 释放 Alt 键，在皱纹处按鼠标左键拖曳进行修复。通过以上步骤即可完成使用修复画笔工具去除皱纹的操作，如图 3-23 所示。

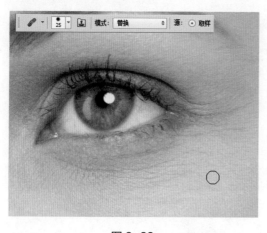

图 3-22

图 3-23

3.2.3 修补工具

　　在 Photoshop 中，修补工具是通过将取样像素的纹理等因素与修补图像的像素进行匹配，达到清除图像中杂点的目的。

　　修补工具选项栏如图 3-24 所示。

图 3-24

其中的选项介绍如下。

➤ 【新选区】按钮 ▫：单击该按钮后，可以创建一个新的选区。如果图像中包含选区，那么新选区会替换原有选区。

➤ 【添加到选区】按钮 ▫：单击该按钮后，可以在当前选区的基础上添加新的选区。

➤ 【从选区减去】按钮 ▫：单击该按钮后，可以在原选区中减去当前绘制的选区。

➤ 【与选区交叉】按钮 ▫：单击该按钮后，可得到原选区与当前创建选区相交的部分。

➤ 【修补】下拉列表框：在下拉列表框中可以设置修补方式。选择【源】选项，将选区拖至要修补的区域后，会用当前光标下方的图像修补选中的图像；选择【目标】选项，则会将选中的图像复制到目标区域。

➤ 【透明】复选框：勾选该复选框，可以使修补的图像与原图产生透明的叠加效果。

➤ 【使用图案】按钮：在图案下拉面板中选择一个图案，单击该按钮，可以使用图案修补选区内的图像。

下面介绍使用修补工具的方法。

操作步骤　　　　　　　　　　　　　　　　　　　　　　　　Step by Step

第 1 步 打开图像素材，单击【修补工具】按钮 ▣，在工具选项栏中将【修补】选项设置为"目标"，在画面中拖动鼠标创建选区，如图 3-25 所示。

第 2 步 将光标移至选区内，向左侧拖动鼠标复制图像，如图 3-26 所示。

图 3-25

图 3-26

第3步 按 Ctrl+D 组合键取消选区，通过以上步骤即可完成使用修补工具的操作，如图 3-27 所示。

图 3-27

3.2.4 实战——去除水印

本案例将介绍去除复杂水印的方法，需要使用到的知识点有创建选区，通过选区拷贝图层，自由变换选区，使用橡皮擦工具涂抹图层，使用仿制图章工具去除背景上的水印等。

<< 扫码获取配套视频课程，本节视频课程播放时长约为49秒。

配套素材路径：配套素材\第3章\素材文件\3.2.4
素材文件名称：1.jpg

操作步骤

Step by Step

第1步 打开图像素材，可以看到人物佩戴的耳环处有水印，如图 3-28 所示。

第2步 按Ctrl+J组合键复制背景图层，得到"图层1"。单击【仿制图章工具】按钮，在选项栏中设置画笔大小。将光标放在黄色区域，按住 Alt 键单击进行取样，如图 3-29 所示。

图 3-28

图 3-29

第 3 步 释放 Alt 键、在水印上涂抹，用黄色将其遮盖，如图 3-30 所示。

图 3-30

第 4 步 头发上的水印也要选取相近的图案进行涂抹，如图 3-31 所示。

图 3-31

第 5 步 图片水印全部去掉的效果如图 3-32 所示。

■ 智慧锦囊

　　在使用仿制图章工具时，按住 Alt 键，画面中出现十字形光标，在图像中单击，定义要复制的内容，这一过程被称为"取样"，释放 Alt 键后将光标放在其他位置，拖动鼠标涂抹，即可将复制的图像应用到当前位置。

图 3-32

3.3 图像修饰与清晰度处理

　　在 Photoshop 中，用户可以运用模糊工具、锐化工具、涂抹工具、加深工具和减淡工具等对图像的局部区域进行修饰或制作特效。本节将详细介绍图像修饰与清晰度处理的操作方法。

3.3.1 减淡和加深工具

　　在 Photoshop 中，减淡工具用于调整照片特定区域的曝光度，用户使用减淡工具可将图像区域变亮；加深工具也用于调节照片特定区域的曝光度，用户使用加深工具可将图像区域变暗。

1. 减淡工具

在工具箱中单击【减淡工具】按钮 ，在选项栏中设置【范围】选项为"高光"，设置【曝光度】为100%，调整合适的笔尖像素，按住鼠标左键进行涂抹，光标经过的位置亮度会有所提高，如图3-33所示。在某个区域涂抹的次数越多，该区域就会变得越亮。

图 3-33

如图3-34所示为使用减淡工具的前后效果对比。

图 3-34

2. 加深工具

加深工具与减淡工具的用途相反。在工具箱中单击【加深工具】按钮 ，在选项栏中设置【范围】选项为"中间调"，设置【曝光度】为50%，调整合适的笔尖像素，在图像左边缘的中间位置向上和向下进行涂抹，如图3-35所示；光标经过的位置颜色变暗，如图3-36所示。在某个区域涂抹的次数越多，该区域就会变得越暗。

图 3-35　　　　　　　　　　　　　　图 3-36

3.3.2　海绵和涂抹工具

在 Photoshop 中，海绵工具可以对图像的区域进行加色或去色，用户可以使用海绵工具将对象或区域上的颜色变得更鲜明或更柔和，使用涂抹工具可以模拟手指拖过湿油漆时所看到的效果。

1. 海绵工具

在工具箱中单击【海绵工具】按钮 ，在选项栏中设置【模式】选项为"加色"，设置【流量】为100%，调整合适的笔尖像素，在图像上按住鼠标左键进行涂抹，如图3-37所示；被涂抹的位置颜色饱和度发生变化，如图3-38所示。

图 3-37　　　　　　　　　　　　　　图 3-38

2. 涂抹工具

在工具箱中单击【涂抹工具】按钮 💇，在工具选项栏中设置【模式】选项为"正常"，【强度】为50%，调整合适的笔尖像素，在人物的右嘴角处按住鼠标左键进行涂抹，如图3-39所示，可以看到人物的右嘴角已经被涂抹，如图3-40所示。

图3-39　　　　　　　　　　　　　　　　　　　图3-40

3.3.3　颜色替换工具

颜色替换工具位于画笔工具组中，在工具箱中的【画笔工具】按钮上右击，在弹出的工具组中即可看到颜色替换工具，如图3-41所示。颜色替换工具能够以涂抹的方式更改画面中的部分颜色。更改颜色之前，需要先设置合适的前景色。在颜色替换工具选项栏中选择一个合适的笔尖像素，单击【限制：连续】按钮，设置【容差】为30%，在模特头发上进行涂抹，即可替换头发颜色，效果如图3-42所示。

3.3.4　液化滤镜

应用"液化"滤镜，可以使图像产生变形效果。"液化"滤镜的用途主要有两个：一个是更改图像的形态，另一个是修饰人像面部以及身形。

执行【滤镜】→【液化】命令，打开【液化】对话框，如图3-43所示。对话框中包含了该滤镜的工具、参数控制选项和图像预览与操作窗口。

图 3-41　　　　　　　　　　　　　　　　图 3-42

图 3-43

　　使用"液化"对话框中的变形工具在图像上拖动，即可进行变形操作。变形集中在画笔区域中心，并会随着鼠标在某个区域中的重复拖动而得到增强。

> 　【向前变形工具】按钮 ：可以向前推动像素。

> 　【重建工具】按钮 ：用来恢复图像。

> 　【平滑工具】按钮 ：可以对扭曲的图像进行平滑处理。

➢ 【顺时针旋转扭曲工具】按钮 🌀：在图像中拖动鼠标可顺时针旋转像素，按住 Alt 键操作则逆时针旋转像素。

➢ 【褶皱工具】按钮 🔅：可以使像素向画笔区域的中心移动，图像会产生收缩效果。

➢ 【膨胀工具】按钮 ✪：可以使像素向画笔区域中心以外的方向移动，图像会产生膨胀效果。

➢ 【左推工具】按钮 ❖❖：垂直向上拖动鼠标时，像素向左移动；向下拖动鼠标时，像素向右移动；按住 Alt 键垂直向上拖动时，像素向右移动；按住 Alt 键向下拖动时，像素向左移动。

➢ 【冻结蒙版工具】按钮 ✏：如果要对局部图像进行处理，而又不希望影响其他区域，可以使用该工具在图像上绘制出冻结区域。当使用变形工具处理图像时，冻结区域会受到保护。

➢ 【解冻蒙版工具】按钮 ✏：用该工具涂抹冻结区域可以解除冻结。

➢ 【脸部工具】按钮 👤：单击该工具，将光标移至人脸上，会显示轮廓线和控制点，移动控制点可以改变人脸形状。

➢ 【抓手工具】按钮 ✋：可以移动画面。

➢ 【缩放工具】按钮 🔍：可以放大和缩小（按住 Alt 键单击）窗口的显示比例。

3.3.5　模糊工具

在 Photoshop 中，用户使用模糊工具可以减少图像中的细节显示，使图像产生柔化模糊的效果。

在工具箱中单击【模糊工具】按钮 ◐，工具选项栏如图 3-44 所示。使用模糊工具时，如果反复涂抹图像上的同一区域，会使该区域变得更加模糊。

图 3-44

工具选项栏中的选项介绍如下。

➢ 【画笔】选项 ⁝：可以选择画笔样式，模糊区域的大小取决于画笔大小。

➢ 【模式】下拉列表框：在该列表框中可以设置涂抹效果的混合模式。

➢ 【强度】下拉列表框：在该列表框中可以设置工具的修改强度。

➢ 【画笔角度】文本框 ⊿ 0° ：在该文本框中可以设置画笔角度。

➢ 【对所有图层取样】复选框：如果文档中包含多个图层，勾选该复选框，表示使用所有可见图层中的数据进行处理；取消勾选该复选框，则只处理当前图层中的数据。

如图 3-45 所示为使用模糊工具前后的对比效果，可以看到背景变得模糊。

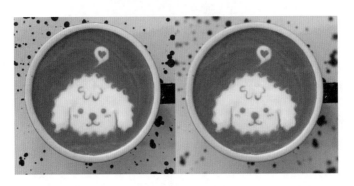

图 3-45

3.3.6 实战——更改商品颜色

 本案例将介绍使用颜色替换工具替换女装颜色的方法。在替换颜色的过程中，需要不断调整画笔大小以涂抹图像细节部分，并注意不要将颜色涂抹到商品以外的背景中。

＜＜ 扫码获取配套视频课程，本节视频课程播放时长约为 53 秒。

 配套素材路径：配套素材\第3章\素材文件\3.3.6

素材文件名称：2.jpg

操作步骤　　　　　　　　　　　　　　　　　　Step by Step

第 1 步 打开图像素材，设置前景色 RGB 数值为 254、172、172，单击【颜色替换工具】按钮，设置工具选项参数，在图像上涂抹，如图 3-46 所示。

第 2 步 更改画笔大小后继续涂抹细节，如图 3-47 所示。

图 3-46

图 3-47

第3步 完成使用颜色替换工具更改女装颜色的操作，效果如图3-48所示。

■ **智慧锦囊**

当颜色替换工具的取样方式设置为【连续】选项时，替换颜色非常方便。但需要注意的是，光标中十字形的位置是取样位置，所以在涂抹过程中，光标十字形的位置不要触碰到不想替换的区域，而光标圆圈部分覆盖到其他区域则没有关系。

图3-48

3.3.7 **实战——为模特瘦脸瘦身**

本案例将介绍执行【液化】命令后，使用脸部工具、褶皱工具和左推工具为模特瘦身，下面详细介绍为模特瘦脸瘦身的操作方法。

<< 扫码获取配套视频课程，本节视频课程播放时长约为1分27秒。

配套素材路径：配套素材\第3章\素材文件\3.3.7
素材文件名称：1.jpg

操作步骤　　　　　　　　　　　　　　　　　Step by Step

第1步 打开图像素材，执行【滤镜】→【液化】命令，打开【液化】对话框，单击【脸部工具】按钮，调整脸型，如图3-49所示。

第2步 使用褶皱工具和左推工具为模特瘦身，如图3-50所示。

图3-49

图3-50

3.4 自动校正图像颜色

在 Photoshop 中，用户可以对图像进行自动调整色调、自动调整对比度和自动校正图像偏色等操作，这三个命令非常适合图像调色的新手使用。本节将重点介绍图像颜色的自定义校正方面的知识。

3.4.1 自动色调

在 Photoshop 中，用户使用【自动色调】命令可以增强图像的对比度和明暗程度。下面介绍运用【自动色调】命令的方法。

操作步骤   Step by Step

第1步 打开图像素材，❶单击【图像】菜单，❷选择【自动色调】菜单项，如图 3-51 所示。

第2步 这样即可完成为图片添加自动色调的操作，如图 3-52 所示。

图 3-51

图 3-52

3.4.2 自动对比度

在 Photoshop 中，用户使用【自动对比度】命令可以自动调整图像的对比度，下面介绍运用【自动对比度】命令的方法。

操作步骤

Step by Step

第 1 步　打开图像素材，❶单击【图像】菜单，❷选择【自动对比度】菜单项，如图 3-53 所示。

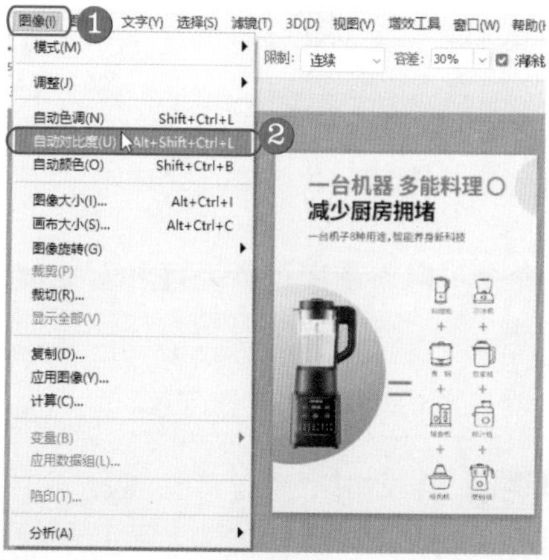

图 3-53

第 2 步　这样即可完成为图片添加自动对比度的操作，如图 3-54 所示。

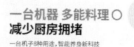

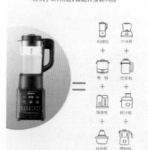

图 3-54

3.4.3 自动颜色

在 Photoshop 中，用户运用【自动颜色】命令可以通过对图像的中间调、阴影和高光进行标识，自动校正图像偏色问题。下面介绍运用【自动颜色】命令的方法。

操作步骤

Step by Step

第 1 步　打开图像素材，❶单击【图像】菜单，❷选择【自动颜色】菜单项，如图 3-55 所示。

图 3-55

第 2 步　这样即可完成为图片添加自动颜色的操作，如图 3-56 所示。

图 3-56

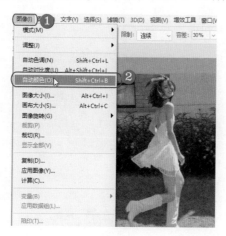

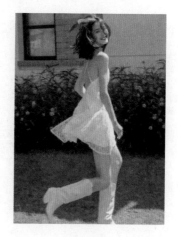

3.5 调整图像明暗度

在 Photoshop 中，用户可对图像进行手动调整图像明暗度的操作，这样可以根据用户的编辑需求进行亮度和对比度、曝光度、阴影和高光等调整。本节将重点介绍调整图像明暗度方面的知识。

3.5.1 亮度和对比度

在 Photoshop 中，用户运用【亮度/对比度】命令可以对图像进行亮度和对比度的自定义调整。下面介绍使用【亮度/对比度】命令的方法。

操作步骤   Step by Step

第1步 打开图像素材，如图 3-57 所示。

图 3-57

第2步 ❶单击【图像】菜单，❷选择【调整】菜单项，❸选择【亮度/对比度】子菜单项，如图 3-58 所示。

图 3-58

第3步 打开【亮度/对比度】对话框，❶设置参数，❷单击【确定】按钮，如图 3-59 所示。

图 3-59

第4步 通过以上步骤即可完成调整图像亮度/对比度的操作，如图 3-60 所示。

图 3-60

3.5.2 曝光度

在 Photoshop 中，用户使用【曝光度】命令可以快速调整图像的曝光度。下面介绍使用【曝光度】命令的方法。

第1步 打开图像素材，如图 3-61 所示。

图 3-61

第3步 打开【曝光度】对话框，❶设置参数，❷单击【确定】按钮，如图 3-63 所示。

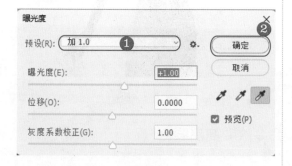

图 3-63

第2步 ❶单击【图像】菜单，❷选择【调整】菜单项，❸选择【曝光度】子菜单项，如图 3-62 所示。

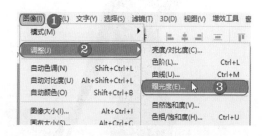

图 3-62

第4步 通过以上步骤即可完成调整图像曝光度的操作，如图 3-64 所示。

图 3-64

3.5.3 阴影和高光

在 Photoshop 中，用户使用【阴影 / 高光】命令可以对图像中的阴影或高光区域中相邻的像素进行校正处理。下面介绍使用【阴影/高光】命令的方法。

操作步骤

第1步 打开图像素材，如图 3-65 所示。

图 3-65

第3步 打开【阴影/高光】对话框，❶设置参数，❷单击【确定】按钮，如图 3-67 所示。

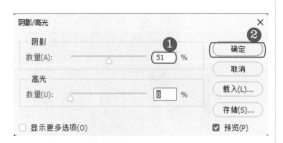

图 3-67

第2步 ❶单击【图像】菜单，❷选择【调整】菜单项，❸选择【阴影/高光(W)】子菜单项，如图 3-66 所示。

图 3-66

第4步 通过以上步骤即可完成调整图像阴影和高光的操作，如图 3-68 所示。

图 3-68

3.5.4 **实战——使用【色相/饱和度】命令改变商品颜色**

本案例将介绍使用【色相/饱和度】命令改变商品颜色的方法，需要使用的知识点有打开素材，打开【色相/饱和度】属性面板设置参数。

《《扫码获取配套视频课程，本节视频课程播放时长约为 18 秒。

配套素材路径：配套素材\第3章\素材文件\3.5.4
素材文件名称：车.jpg

操作步骤 Step by Step

第 1 步　打开图像素材，如图 3-69 所示。

第 2 步　执行【图像】→【调整】→【色相/饱和度】命令，如图 3-70 所示。

图 3-69

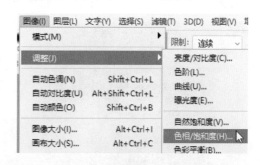

图 3-70

第 3 步　打开【属性】面板，设置参数，如图 3-71 所示。

第 4 步　车子的颜色已经发生改变。通过以上步骤即可完成使用【色相/饱和度】命令改变商品颜色的操作，如图 3-72 所示。

图 3-71

图 3-72

3.6 调整图像色彩

在 Photoshop 中，用户可以对图像的色调进行自定义调整，以便制作出精美的艺术效果。本节将重点介绍自定义图像色彩方面的知识。

3.6.1 色彩平衡

在 Photoshop 中，用户使用【色彩平衡】命令可以调整图像偏色方面的问题。下面介绍使用【色彩平衡】命令的方法。

操作步骤 Step by Step

第1步 打开图像素材，如图 3-73 所示。

图 3-73

第2步 执行【图像】→【调整】→【色彩平衡】命令，打开【色彩平衡】对话框，❶选择【高光】单选按钮，❷设置参数，如图 3-74 所示。

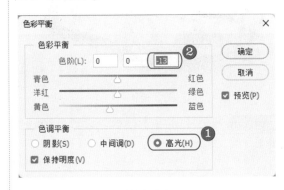

图 3-74

第3步 ❶选择【中间调】单选按钮，❷设置参数，❸单击【确定】按钮，如图 3-75 所示。

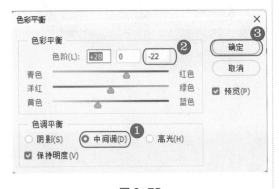

图 3-75

第4步 通过以上步骤即可完成调整图像色彩平衡的操作，如图 3-76 所示。

图 3-76

3.6.2 通道混合器

【通道混合器】是控制颜色通道中颜色含量的高级工具，它可以让两个通道采用"相加"

或"减去"模式混合。

第1步 打开图像素材，如图 3-77 所示。

图 3-77

第3步 打开【通道混合器】对话框，❶设置参数，❷单击【确定】按钮，如图 3-79 所示。（注：图中为通道混和器）

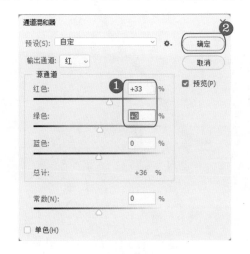

图 3-79

第2步 ❶单击【图像】菜单，❷选择【调整】菜单项，❸选择【通道混合器】子菜单项，如图 3-78 所示。

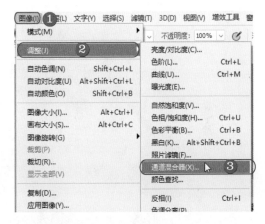

图 3-78

第4步 通过以上步骤即可完成调整图像色彩的操作，如图 3-80 所示。

图 3-80

3.6.3 色调分离

【色调分离】命令可以通过为图像设定色调数量来减少图像的色彩数量。下面介绍使用【色调分离】命令的方法。

操作步骤 Step by Step

第1步 打开图像素材，如图3-81所示。

第2步 ❶单击【图像】菜单，❷选择【调整】菜单项，❸选择【色调分离】子菜单项，如图3-82所示。

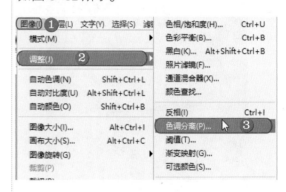

图3-82

图3-81

第4步 通过以上步骤即可完成图像色调分离的操作，如图3-84所示。

第3步 打开【色调分离】对话框，❶设置参数，❷单击【确定】按钮，如图3-83所示。

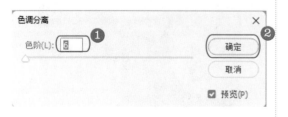

图3-83

图3-84

3.6.4 实战——使用【去色】命令制作商品详情页

本案例将介绍使用【去色】命令制作商品详情页的方法，涉及的知识点有创建文档，置入嵌入对象，栅格化图层，使用【去色】命令，绘制矩形，创建剪贴蒙版等。

<< 扫码获取配套视频课程，本节视频课程播放时长约为1分12秒。

 配套素材路径：配套素材\第3章\素材文件\3.6.4
素材文件名称：1.png、2.png

操作步骤　　　　　　　　　　　　　　　　　Step by Step

第1步 新建一个800×800的文档，执行【文件】→【置入嵌入对象】命令，将素材"1.png"置入文档中，调整素材大小和位置，如图3-85所示。

第2步 在【图层】面板中右击置入对象所在图层，选择【栅格化图层】菜单项。执行【图像】→【调整】→【去色】命令，效果如图3-86所示。

图 3-85

图 3-86

第3步 单击工具箱中的【矩形工具】按钮，在选项栏设置【绘制模式】选项为"形状"，【填充】为浅绿色，【描边】为白色，【描边粗细】为8点，在画面中绘制一个矩形，如图3-87所示。

第4步 再次将素材"1.png"置入文档中，将其放置在矩形上方并调整大小，如图3-88所示。

图 3-87

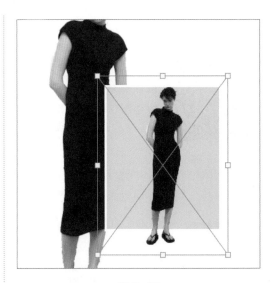

图 3-88

第5步 将置入的对象图层栅格化，执行【图层】→【创建剪贴蒙版】命令，效果如图 3-89 所示。

第6步 将素材"2.png"置入文档中，摆放在右上角，如图 3-90 所示。

图 3-89

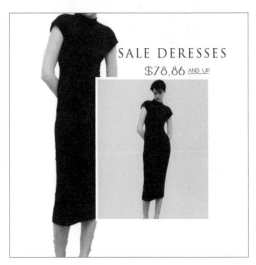

图 3-90

3.7 实战案例与应用

经过前面的学习，相信大家对使用 Photoshop 进行商品图片美化与调色的知识已经有了一定的了解，接下来将通过实战案例与应用巩固所学知识。

3.7.1 制作萌宠海报

本案例将介绍为宠物店制作萌宠宣传海报的方法，涉及的知识点有打开标尺拖曳参考线、绘制并填充矩形、置入嵌入对象、输入文字、为对象设置"自然饱和度"效果。

＜＜ 扫码获取配套视频课程，本节视频课程播放时长约为 2 分 50 秒。

配套素材路径：配套素材\第3章\素材文件\3.7.1
素材文件名称：狗.png、绿叶.png

操作步骤　　　　　　　　　　　　　　　　　　　　　　Step by Step

第1步 新建一个 450×600 的文档，执行【视图】→【标尺】命令，显示标尺，从标尺上分别拖曳出水平和垂直参考线，使画布平分，如图 3-91 所示。

第2步 使用矩形选框工具绘制矩形，设置前景色 RGB 数值分别为 94、209、252，按 Alt+Delete 组合键为选区填充前景色，效果如图 3-92 所示。

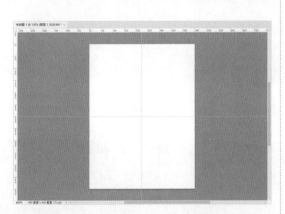

图 3-91

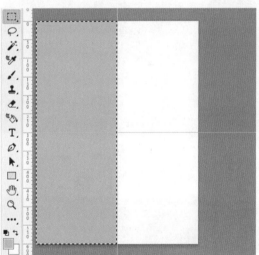

图 3-92

第3步 按 Ctrl+Shift+I 组合键反选选区，设置前景色 RGB 数值分别为 204、238、250，按 Alt+Delete 组合键为选区填充前景色，效果如图 3-93 所示。

第4步 将"狗.png"素材置入文档中。右击素材，选择【水平翻转】菜单项，摆放素材至合适的位置，按 Enter 键确认，效果如图 3-94 所示。

图 3-93

图 3-94

第 5 步 使用横排文字工具输入内容，设置字体为"方正细珊瑚简体"，大小为 50 点，颜色 RGB 数值分别为 12、125、184，效果如图 3-95 所示。

第 6 步 使用矩形工具绘制深蓝色（RGB数值为 12、125、184）矩形并复制，更改复制的矩形填充颜色为白色，如图 3-96所示。

图 3-95

图 3-96

第7步 使用横排文字工具输入内容，设置字体为"黑体"，大小为 20 点，颜色为深蓝色（RGB 数值为 12、125、184）和白色，如图 3-97 所示。

第8步 继续使用横排文字工具输入内容，设置字体为"黑体"，大小为 20 点，颜色 RGB 数值分别为 151、150、150，如图 3-98 所示。

图 3-97

图 3-98

第9步 将"绿叶 .png"素材置入文档中，设置旋转角度为 -90°，调整大小和位置，并放置在"狗 .png"图层的下方，效果如图 3-99 所示。

第10步 选中"狗 .png"图层，执行【图像】→【调整】→【自然饱和度】命令，打开【自然饱和度】对话框，设置参数，单击【确定】按钮，如图 3-100 所示。

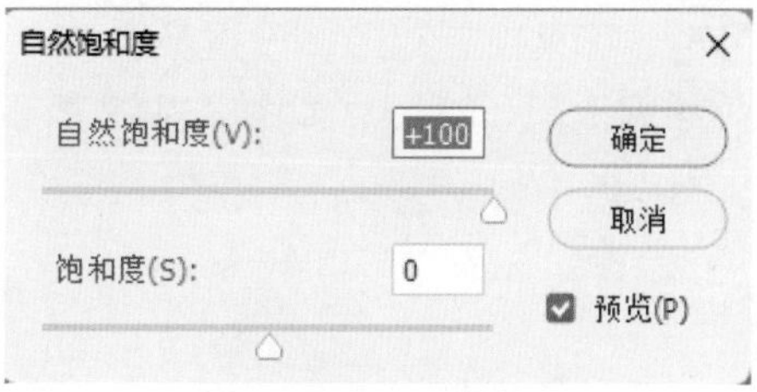

图 3-99

图 3-100

第11步 海报最终效果如图 3-101 所示。

图 3-101

■ **智慧锦囊**

在使用 Photoshop 软件进行图像处理时，通常会对图像进行一定的色调调整，但是，能否仅调整图像颜色又不损坏原有图像呢？通过单击【图层】面板下方的【创建新的填充或调整图层】按钮，在弹出的快捷菜单中包含多个命令，选择相应的命令并在【属性】面板中设置其参数即可。不需要时可将其删除，这样既可以保证原图像不被损坏，又达到了调色的目的。

3.7.2 制作杂志内页

本案例将介绍制作杂志内页的方法，主要涉及的知识点有矩形工具、横排文字工具的使用，照片滤镜工具的应用，下面详细介绍制作杂志内页的操作方法。

<< 扫码获取配套视频课程，本节视频课程播放时长约为 3 分 19 秒。

 配套素材路径：配套素材\第3章\素材文件\3.7.2
素材文件名称：文字.png、模特1.jpg、模特2.jpg

操作步骤 ||| Step by Step

第1步 新建一个 21cm×29.7cm 的文档，使用矩形工具绘制矩形，设置颜色 RGB 数值分别为 243、133、58，如图 3-102 所示。

第2步 继续使用矩形工具绘制矩形，设置颜色 RGB 数值分别为 218、9、117，设置矩形圆角像素值，效果如图 3-103 所示。

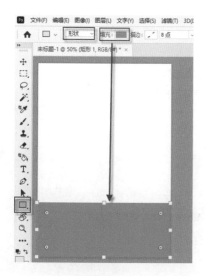

图 3-102

第3步 新建图层，将"文字.png"图片置入文档中，放置在黄色矩形内。复制"文字"图片，使用横排文字工具输入文本内容，设置字体、大小，如图 3-104 所示。

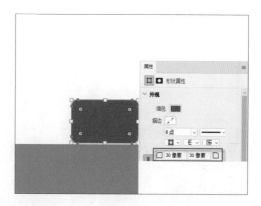

图 3-103

第4步 复制 3 次"文字.png"图片，放置在白色背景区域，使用横排文字工具输入文本内容，设置字体、大小，如图 3-105 所示。

图 3-104

第5步 使用横排文字工具输入内容，设置颜色 RGB 数值分别为 218、9、117，然后设置字体、大小，如图 3-106 所示。

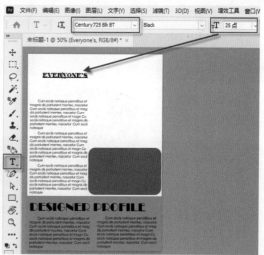

图 3-105

第6步 使用矩形工具绘制矩形，设置颜色 RGB 数值分别为 218、9、117。使用横排文字工具输入内容，设置颜色为黑色，设置字体、大小，如图 3-107 所示。

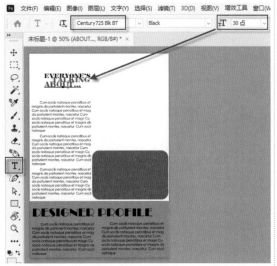

图 3-106

图 3-107

第 7 步 将"模特 1.jpg"素材置入文档，调整大小、角度和摆放位置，如图 3-108 所示。

第 8 步 执行【图像】→【调整】→【照片滤镜】命令，打开【照片滤镜】对话框，设置参数，单击【确定】按钮，如图 3-109 所示。

图 3-108

图 3-109

第9步　将"模特2.jpg"素材置入文档中，调整大小、角度和摆放位置，效果如图3-110所示。

第10步　执行【图像】→【调整】→【照片滤镜】命令，打开【照片滤镜】对话框，设置参数，单击【确定】按钮，如图3-111所示。

图3-111

图3-110

第11步　杂志内页最终效果如图3-112所示。

图3-112

3.8　思考与练习

一、填空题

1. _____工具用于调整照片特定区域的曝光度,用户使用减淡工具可使图像区域变亮。

2. 用户使用_____命令可以调整图像偏色方面的问题。

二、判断题

1. 画笔不仅能够绘制图画，还可以修改蒙版和通道。 　　　　　　　　　　（　　）

2. 用户使用仿制图章工具可以拷贝图形中的信息，同时将其应用到其他位置，这样可以修复图像中的污点、褶皱和光斑等。 　　　　　　　　　　　　　　　（　　）

三、思考题

1. 如何使用修补工具？

2. 如何使用海绵工具？

第**4**章

图像抠图与作品合成

　　本章主要介绍图像抠图和作品合成的知识，包括非几何形对象选择工具、智能抠图工具、编辑选区、钢笔工具抠图以及蒙版和通道工具抠图。通过对本章内容的学习，读者可以掌握图像抠图和作品合成的方法，为深入学习新媒体电商美工设计与广告制作奠定基础。

扫码获取本章素材

4.1 非几何形对象选择工具

在 Photoshop 中除了使用矩形选框、椭圆选框等工具创建几何选区外，还可以使用非几何形对象选择工具创建不规则选区。本节将介绍套索工具、多边形套索工具的使用方法。

4.1.1 套索工具

在 Photoshop 中使用套索工具时，用户释放鼠标后起点和终点处自动连接成一条直线，这样可以创建非几何形的不规则选区。下面介绍运用套索工具创建不规则选区的方法。

操作步骤

第 1 步 打开图像素材，单击工具箱中的【套索工具】按钮 ，在编辑窗口中拖动鼠标绘制选区，如图 4-1 所示。

第 2 步 将光标移至起始点处释放鼠标可封闭选区，按 Ctrl+J 组合键复制选区内的图像，建立一个新图层，并隐藏"背景"图层，通过以上步骤即可完成使用套索工具抠图的操作，如图 4-2 所示。

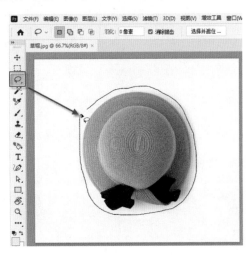

图 4-1

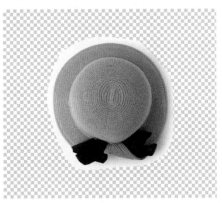

图 4-2

4.1.2 多边形套索工具

用户可以使用多边形套索工具来选择具有棱角的图形，下面详细介绍运用多边形套索工具的方法。

第1步 打开图像素材，单击工具箱中的【多边形套索工具】按钮 ，在编辑窗口中拖动鼠标绘制选区，如图4-3所示。

第2步 按Ctrl+J组合键，复制选区内的图像，建立一个新图层，并隐藏"背景"图层，通过以上步骤即可完成使用多边形套索工具抠图的操作，如图4-4所示。

图4-3

图4-4

4.1.3　实战——制作降价海报

本案例将制作降价海报，涉及的知识点有新建文档，新建图层，使用前景色填充图层，将素材拖入文档，设置混合模式，使用多边形套索工具创建选区等。

<< 扫码获取配套视频课程，本节视频课程播放时长约为2分29秒。

配套素材路径：配套素材\第4章\素材文件\4.1.3
素材文件名称：1.jpg、2.jpg、3.jpg、波点.png

第1步 新建600×350文档，新建图层，设置前景色RGB数值分别为222、41、11，按Alt+Delete组合键填充整个图层，将"波点.png"素材置入文档，调整大小和位置，效果如图4-5所示。

第2步 打开"1.jpg""2.jpg""3.jpg"素材，将其拖入文档，调整大小、角度和摆放位置，如图4-6所示。

图 4-5

第 3 步 在【图层】面板中设置每个裤子素材图层的【混合模式】选项为【正片叠底】，效果如图 4-7 所示。

图 4-7

第 5 步 设置前景色 RGB 数值分别为 205、164、26，按 Alt+Delete 组合键填充选区，如图 4-9 所示。

图 4-9

第 7 步 使用横排文字工具输入内容，设置颜色为白色，设置字体、大小，效果如图 4-11 所示。

图 4-6

第 4 步 在 "1.jpg" 素材图层的下方创建一个新图层，使用多边形套索工具沿着牛仔裤边缘创建不规则选区，如图 4-8 所示。

图 4-8

第 6 步 使用相同方法设置其他两个裤子素材，效果如图 4-10 所示。

图 4-10

第 8 步 继续使用横排文字工具输入内容，设置颜色为黑色，设置字体、大小，效果如图 4-12 所示。

图 4-11

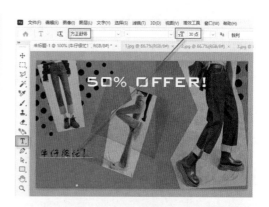

图 4-12

第 9 步 复制文字图层，修改文本内容，
移动摆放位置，效果如图 4-13 所示。

图 4-13

4.2　智能抠图工具

如果需要选择的对象与背景之间的色调差异比较明显，使用磁性套索工具、魔棒工具和
快速选择工具可以快速地将对象分离出来。本节将介绍智能抠图工具的使用方法。

4.2.1　磁性套索

磁性套索工具可以自动识别对象的边界，如果对象的边缘比较清晰，并且与背景对比明
显，可以使用该工具快速选择对象。下面介绍使用磁性套索工具抠图的方法。

操作步骤

Step by Step

第 1 步 打开图像素材，单击工具箱中的
【磁性套索工具】按钮 ，在水果边缘单击，
沿着边缘移动光标，Photoshop 会在光标
经过处放置一定数量的锚点来连接选区，如
图 4-14 所示。

第 2 步 将光标移至起点处，单击可以封
闭选区，按 Ctrl+J 组合键，复制选区内的
图像，建立一个新图层，并隐藏"背景"图
层，通过以上步骤即可完成使用磁性套索工
具抠图的操作，如图 4-15 所示。

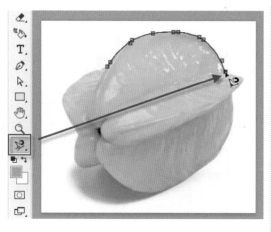

图 4-14

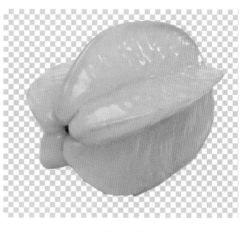

图 4-15

4.2.2 魔棒工具

在 Photoshop 中，对于颜色差别较大的图像，用户可以使用魔棒工具创建选区，魔棒工具可以快速地选择大面积区域。下面介绍使用魔棒工具抠图的方法。

操作步骤 Step by Step

第1步 打开图像素材，单击工具箱中的【魔棒工具】按钮 ，在选项栏中设置【容差】参数，在图像背景上单击，如图 4-16 所示。

第2步 创建了除商品主体外的背景选区，如图 4-17 所示。

图 4-16

图 4-17

第3步 按Ctrl+Shift+I组合键反选选区，只选中商品主体，如图4-18所示。

第4步 按 Ctrl+J 组合键，复制选区内的图像，建立一个新图层，并隐藏"背景"图层，通过以上步骤即可完成使用魔棒工具抠图的操作，如图 4-19 所示。

图 4-18

图 4-19

📝 知识拓展

【容差】选项是影响魔棒工具性能最重要的选项，它决定了什么样的像素能够与选定的色调（即单击点）相似。当该值较低时，只选择与鼠标单击点像素非常相似的少数颜色；该值越高，对像素相似程度的要求就越低，可以选择的颜色范围就更广。

4.2.3 快速选择工具

在 Photoshop 中使用快速选择工具，用户可以通过画笔笔尖接触图形，自动查找图像边缘。下面介绍使用快速选择工具抠图的方法。

操作步骤 　　　　　　　　　　　　　　　　　　　　　　　　　　　Step by Step

第1步 打开图像素材，单击工具箱中的【快速选择工具】按钮，在选项栏中单击【添加到选区】按钮，设置画笔像素，在图像蓝天背景上向下拖动鼠标绘制选区，如图 4-20 所示。

第2步 创建选区后，继续在另一部分蓝天背景上拖动鼠标扩大选区，如图 4-21 所示。

图 4-20

第 3 步 选区已经扩大到整个蓝天背景，但是人物的头发有一部分也被添加到选区中，单击【从选区减去】按钮，更改画笔像素，在头发上单击，如图 4-22 所示。

图 4-22

第 5 步 使用相同方法选中草地背景并删除，最终效果如图 4-24 所示。

■ 智慧锦囊

在快速选择工具选项栏中，单击 ⁶ᵛ 按钮可以打开【画笔选项】面板，用户可以在面板中设置画笔的大小、硬度和间距。

勾选【对所有图层取样】复选框，Photoshop 可基于所有图层而不是仅当前选择的图层创建选区。

图 4-21

第 4 步 按 Delete 键删除选区中的图像，效果如图 4-23 所示。

图 4-23

图 4-24

4.2.4 实战——制作网店 Banner 广告

本案例将制作网店 Banner 广告，涉及的知识点有使用磁性套索工具创建选区并抠图，使用画笔工具绘制图案，使用文字工具输入文字，使用矩形工具绘制矩形等。

<< 扫码获取配套视频课程，本节视频课程播放时长约为 2 分 53 秒。

配套素材路径：配套素材\第4章\素材文件\4.2.4
素材文件名称：背景.png、雏菊花朵. png、蓝色雏菊. png、商品.jpg

操作步骤　　　　　　　　　　　　　　　　　　　　Step by Step

第1步 打开"商品 .jpg"素材，使用磁性套索工具抠出商品主体部分，如图 4-25 所示。

第2步 创建选区，按 Ctrl+Shift+I 组合键反选选区，按 Delete 键删除背景，如图 4-26 所示。

图 4-25　　　　　　　　　　图 4-26

第3步 打开"背景 .png"素材，将抠出的商品素材拖入"背景 .png"文档中，如图 4-27 所示。

第4步 在工具箱中单击【画笔工具】按钮，打开【画笔设置】面板，设置画笔样式和大小，设置前景色 RGB 数值分别为 254、220、196，在"背景 .png"图层上单击添加图案，如图 4-28 所示。

图 4-27

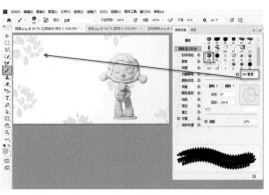

图 4-28

第5步 打开两张雏菊素材，将其拖入"背景.png"文档中，调整大小、角度和摆放位置，效果如图 4-29 所示。

第6步 使用横排文字工具输入文本内容，设置字体为"黑体"，设置颜色 RGB 数值分别为 254、179、127，效果如图 4-30 所示。

图 4-29

图 4-30

第7步 使用矩形工具绘制矩形，设置颜色 RGB 数值分别为 254、222、47，设置圆角像素为 20，效果如图 4-31 所示。

第8步 继续使用横排文字工具输入内容，设置颜色为白色，设置字体为"黑体"，效果如图 4-32 所示。

图 4-31

图 4-32

4.3 编辑选区

在 Photoshop 中创建选区后，用户可以对选区进行选择与移动、变换选区、平滑选区、扩展选区、存储与载入选区等操作。本节将重点介绍选区编辑操作方面的知识。

4.3.1 全选、反选与移动选区

下面详细介绍全选、反选与移动选区的操作方法。

操作步骤 Step by Step

第1步 打开图像素材，❶单击【选择】菜单，❷选择【全部】菜单项，如图 4-33 所示。

图 4-33

第3步 在图像中创建一个选区，如图 4-35 所示。

图 4-35

第2步 即可选择当前图层中的全部内容，如图 4-34 所示。

图 4-34

第4步 执行【选择】→【反选】命令，原选区之外的图像被选中，如图 4-36 所示。

图 4-36

第5步 在图像中使用魔棒工具创建一个选区，在选项栏中单击【新选区】按钮 ⬜，将光标移至选区内，指针变为 ▶⬚ 形状，如图 4-37 所示。

第6步 拖动鼠标至其他位置释放鼠标，即可移动选区，如图 4-38 所示。

图 4-37

图 4-38

📝 **知识拓展**

如果想要同时移动选区及选中的图像，可按住 Ctrl 键拖动选区内的图像；按住 Alt+Ctrl 组合键拖动则可以复制出新的图像。

4.3.2 变换选区

在 Photoshop 中创建选区后，用户可以对创建的选区进行变换操作。下面介绍变换选区的方法。

操作步骤 Step by Step

第1步 打开图像素材，使用椭圆选框工具按住 Shift 键绘制一个正圆选区，如图 4-39 所示。

第2步 ❶单击【选择】菜单，❷选择【变换选区】菜单项，如图 4-40 所示。

图 4-39

图 4-40

第 3 步 可以看到在选区四周出现变换控制点，将光标移至左上角的控制点上，当指针变为双向箭头时，拖动鼠标放大选区，如图 4-41 所示。

第 4 步 移至合适位置释放鼠标，可以看到选区已经变大，如图 4-42 所示。

图 4-41

图 4-42

4.3.3 扩展选区

在 Photoshop 中使用扩展选区的功能，用户可以将创建的选区范围按照输入的数值扩展。下面介绍扩展选区的方法。

操作步骤 Step by Step

第 1 步 打开素材文件，使用椭圆选框工具创建一个选区，如图 4-43 所示。

第 2 步 ❶单击【选择】菜单，❷选择【修改】菜单项，❸选择【扩展】子菜单项，如图 4-44 所示。

图 4-43

图 4-44

第 3 步 弹出【扩展选区】对话框，❶在【扩展量】文本框输入数值，❷单击【确定】按钮，如图 4-45 所示。

第 4 步 可以看到选区范围向外扩展了 10 像素，如图 4-46 所示。

图 4-45

图 4-46

4.3.4 平滑选区

创建选区，如图 4-47 所示；执行【选择】→【修改】→【平滑】命令，打开【平滑选区】
对话框，在【取样半径】文本框中输入数值，单击【确定】按钮，可以让选区变得更加平滑，
如图 4-48 所示。

图 4-47

图 4-48

4.3.5 存储与载入选区

制作一些复杂的图像需要花费大量时间，为避免因断电或其他原因造成劳动成果付诸东
流，应及时保存选区，同时也会为以后的使用和修改带来方便。下面详细介绍存储与载入选
区的操作方法。

操作步骤   Step by Step

第 1 步 打开素材文件，使用椭圆选框工
具创建一个选区，如图 4-49 所示。

第 2 步 ①单击【选择】菜单，②选择【存
储选区】菜单项，如图 4-50 所示。

图 4-49

图 4-50

第 3 步 弹出【存储选区】对话框，❶在【名称】文本框输入名称，❷单击【确定】按钮，如图 4-51 所示。

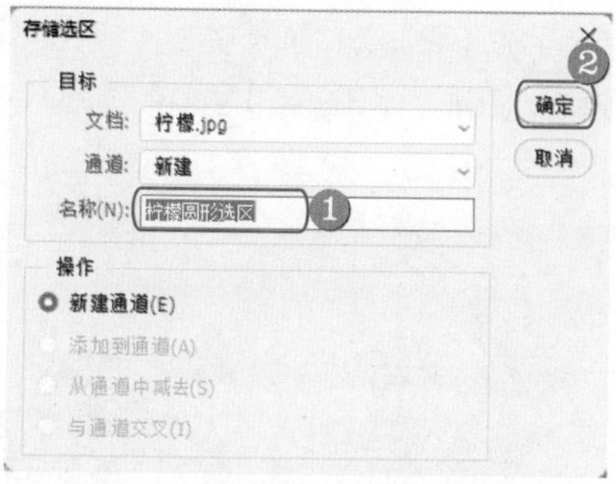

第 4 步 按 Ctrl+D 组合键取消选区，❶单击【选择】菜单，❷选择【载入选区】菜单项，如图 4-52 所示。

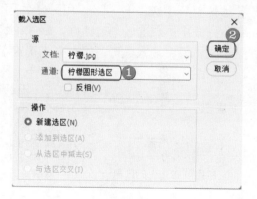

图 4-51

图 4-52

第 5 步 弹出【载入选区】对话框，❶在【通道】下拉列表框中选择刚刚保存的选区名称，❷单击【确定】按钮，如图 4-53 所示。

第 6 步 图像上将自动显示刚刚保存过的选区，如图 4-54 所示。

图 4-53

图 4-54

4.3.6 实战——制作不规则形状的底色海报

本案例将制作不规则形状的底色海报，涉及的知识点有置入嵌入对象，栅格化图层，载入选区，扩展选区，新建图层，填充前景色，调整图层顺序等。

<< 扫码获取配套视频课程，本节视频课程播放时长约为 52 秒。

 配套素材路径：配套素材\第4章\素材文件\4.3.6
素材文件名称：背景.jpg、1.png

操作步骤 Step by Step

第1步 执行【文件】→【打开】命令，弹出【打开】对话框，打开"背景.jpg"素材，如图 4-55 所示。

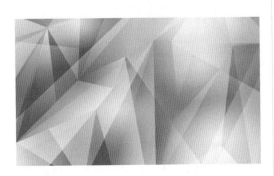

图 4-55

第3步 按住 Ctrl 键的同时单击"1.png"图层的缩览图，载入选区，效果如图 4-57 所示。

图 4-57

第2步 执行【文件】→【置入嵌入对象】命令，将素材"1.png"置入"背景.png"素材中，在【图层】面板右击"1.png"图层，选择【栅格化图层】菜单项，效果如图 4-56 所示。

图 4-56

第4步 执行【选择】→【修改】→【扩展】命令，打开【扩展选区】对话框，❶在【扩展量】文本框中输入数值，❷单击【确定】按钮，如图 4-58 所示。

图 4-58

第 5 步 得到比原选区稍大些的选区，在【图层】面板中新建图层，设置前景色为白色，按 Alt+Delete 组合键为选区填充前景色，按 Ctrl+D 组合键取消选区，效果如图 4-59 所示。

第 6 步 将新建的图层下移一层，最终效果如图 4-60 所示。

图 4-59

图 4-60

4.4 钢笔工具抠图

钢笔工具是 Photoshop 中最为强大的绘图工具，它主要有两种用途：一是绘制矢量图形，二是用于选取对象。在作为选取工具使用时，钢笔工具描绘的轮廓光滑、准确，将路径转换为选区就可以准确地选择对象。

4.4.1 使用钢笔工具绘制路径

使用钢笔工具可以绘制直线路径、曲线路径和闭合路径，下面分别介绍绘制这几种路径的方法。

1. 直线路径

单击工具箱中的【钢笔工具】按钮 ，在选项栏中设置【绘制模式】选项为"路径"，在画面中单击，画面出现一个锚点，是路径的起点，如图 4-61 所示。接着在下一个位置单击，在两锚点之间即可产生一段直线路径，如图 4-62 所示。

2. 曲线路径

使用钢笔工具按住鼠标左键拖动，此时可以看到按下鼠标左键的位置生成了一个锚点，而拖动的位置显示了方向线，如图 4-63 所示。此时可以按住鼠标左键，同时向上、下、左、右拖动方向线，调整方向线的角度，曲线的弧度也随之发生变化，如图 4-64 所示。

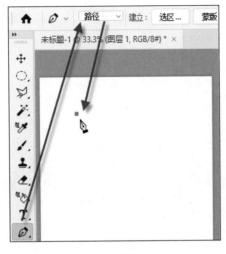

图 4-61

图 4-62

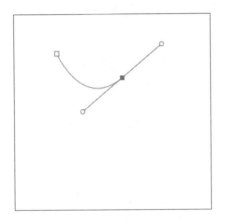

图 4-63

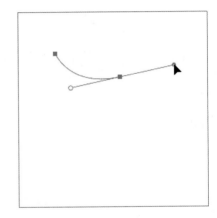

图 4-64

3. 闭合路径

路径绘制完成后，将钢笔工具光标定位到路径的起点处，当光标变为 形状时，单击即可形成闭合路径，如图 4-65 和图 4-66 所示。

知识拓展

如果要终止路径的绘制，可以在使用钢笔工具的状态下按 Esc 键，或者单击工具箱中的其他任意工具按钮，也可以终止路径的绘制。如果需要删除路径，可以在使用钢笔工具的状态下单击鼠标右键，在弹出的快捷菜单中选择【删除路径】菜单项即可。

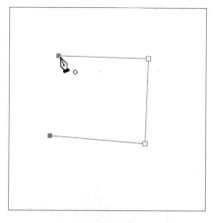

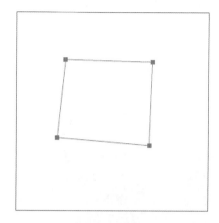

图 4-65　　　　　　　　　　　　图 4-66

4.4.2　编辑路径与转换为选区

使用钢笔工具绘图或者描摹对象的轮廓时，有时不能一次就绘制准确，而是需要在绘制完成后，通过对锚点和路径的编辑来达到目的。本节将介绍编辑路径与将路径转换为选区的相关知识。

1. 添加与删除锚点

使用添加锚点工具 可以直接在路径上添加锚点；或者在使用钢笔工具的状态下，将光标放在路径上，当其变为 形状时单击，也可以添加一个锚点，如图 4-67 和图 4-68 所示。

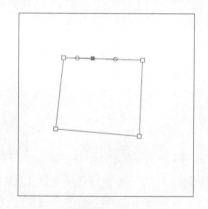

图 4-67　　　　　　　　　　　　图 4-68

使用删除锚点工具 可以删除路径上的锚点；或者在使用钢笔工具的状态下，将光标放在路径上，当其变成 形状时单击，即可删除锚点，如图 4-69 和图 4-70 所示。

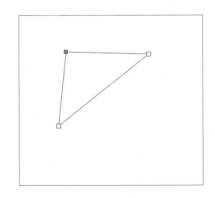

图 4-69　　　　　　　　　　　　　　　　　　图 4-70

2. 选择与移动锚点和路径

单击【直接选择工具】按钮 ，单击一个锚点即可选择锚点，选中的锚点为实心方块，未选中的锚点为空心方块，如图 4-71 所示。

单击【路径选择工具】 ，单击路径即可选择路径，如图 4-72 所示。如果要选择多个锚点、路径段或路径，可以按住 Shift 键逐一单击需要选择的对象；另外，也可以单击并拖曳一个选框，将需要选择的对象框选；如果要取消选择，可在画面空白处单击。

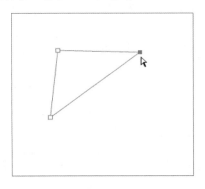

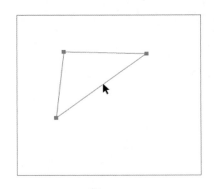

图 4-71　　　　　　　　　　　　　　　　　　图 4-72

3. 调整路径形状

直接选择工具和转换点工具都可以调整方向线。例如，图 4-73 所示为原图形，在使用直接选择工具拖曳平滑点上的方向线时，方向线始终保持为一条直线状态，锚点两侧的路径段都会发生改变，如图 4-74 所示；在使用转换点工具拖曳方向线时，可以单独调整平滑点任意一侧的方向线，而不会影响到另外一侧的方向线和同侧的路径段，如图 4-75 所示。

4. 复制与删除路径

在 Photoshop 中，用户可以对已经创建的路径进行复制，以便用户对图像进行编辑；如果不再需要路径，可以将其删除，下面介绍复制与删除路径的方法。

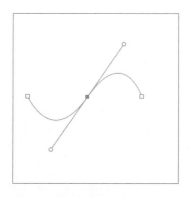

图 4-73

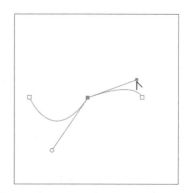

图 4-74

图 4-75

第1步 在【路径】面板中右击路径，在弹出的快捷菜单中选择【复制路径】菜单项，如图 4-76 所示。

图 4-76

第2步 打开【复制路径】对话框，保持默认设置，单击【确定】按钮，如图 4-77 所示。

图 4-77

第3步 在【路径】面板中可以看到已经添加了一个名为"路径 1 拷贝"的路径，如图 4-78 所示。

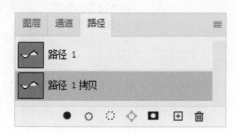

图 4-78

第4步 在【路径】面板中右击准备删除的路径，在弹出的快捷菜单中选择【删除路径】菜单项，如图 4-79 所示。

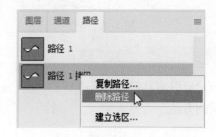

图 4-79

第 5 步 名为"路径 1 拷贝"的路径已经被删除，效果如图 4-80 所示。

图 4-80

5. 从选区建立路径

用户可以从选区建立路径，从选区建立路径的方法非常简单，下面介绍从选区建立路径的方法。

操作步骤 Step by Step

第 1 步 在图像中创建选区，在【路径】面板中单击【从选区生成工作路径】按钮 ◇，如图 4-81 所示。

第 2 步 选区已经变为路径，这样即可完成从选区建立路径的操作，如图 4-82 所示。

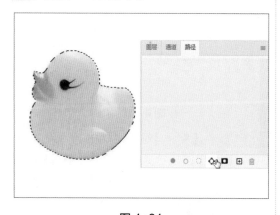

图 4-81

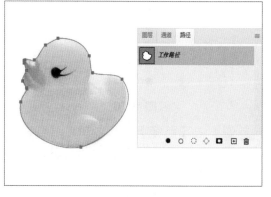

图 4-82

6. 将路径转换为选区

用户可以将路径转换为选区，将路径转换为选区的方法非常简单，下面介绍将路径转换为选区的方法。

第1步 在【路径】面板中单击【将路径作为选区载入】按钮 ⟳，如图 4-83 所示。

第2步 这样即可完成将路径转换为选区的操作，如图 4-84 所示。

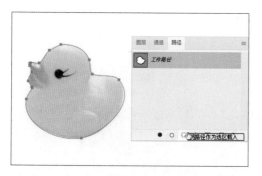

图 4-83

图 4-84

4.4.3　自由钢笔工具和磁性钢笔工具

在 Photoshop 中，用户使用自由钢笔工具可以绘制任意图形；磁性钢笔工具能够自动捕捉颜色差异的边缘以快速绘制路径。下面介绍运用自由钢笔工具和磁性钢笔工具的方法。

第1步 单击工具箱中的【自由钢笔工具】按钮 ✍，将光标移动至图像文件中，单击并拖动鼠标绘制路径，如图 4-85 所示。

第2步 绘制完成后释放鼠标，这样即可完成使用自由钢笔工具的操作，如图 4-86 所示。

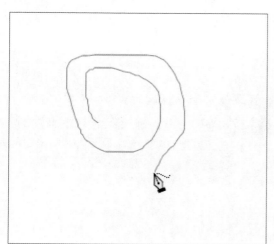

图 4-85

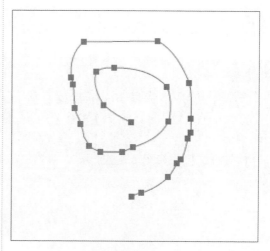

图 4-86

第3步 单击【自由钢笔工具】按钮 ，在选项栏中勾选【磁性的】复选框，单击并拖动鼠标绘制路径，如图4-87所示。

第4步 绘制完成后释放鼠标，这样即可完成使用磁性钢笔工具的操作，如图4-88所示。

图 4-87

图 4-88

4.4.4 实战——制作辅导班海报

本案例将制作辅导班海报，涉及的知识点有打开素材，置入嵌入对象，使用磁性钢笔工具创建路径，将路径转换为选区，反选选区，删除选区中的像素等。

＜＜ 扫码获取配套视频课程，本节视频课程播放时长约为1分36秒。

配套素材路径：配套素材\第4章\素材文件\4.4.4

素材文件名称：背景.jpg、人物.jpg、文字.png

操作步骤
Step by Step

第1步 打开"背景.jpg"素材，执行【文件】→【置入嵌入对象】命令，将"人物.jpg"素材置入"背景.jpg"素材中，并将其栅格化，如图4-89所示。

第2步 选择人物图层，单击【自由钢笔工具】按钮 ，在选项栏勾选【磁性的】复选框，在人物边缘创建路径，如图4-90所示。

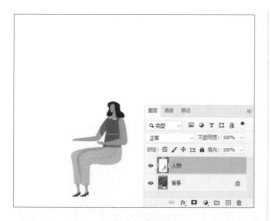

图 4-89

图 4-90

第3步 形成闭合路径，按 Ctrl+Enter 组合键得到路径的选区，按 Ctrl+Shift+I 组合键反选选区，按 Delete 键删除选区中的像素，按 Ctrl+D 组合键取消选区，如图 4-91 所示。

第4步 执行【文件】→【置入嵌入对象】命令，将"文字 .png"素材置入"背景 .jpg"素材中，按 Enter 键完成置入，如图 4-92 所示。

图 4-91

图 4-92

4.5 蒙版和通道工具抠图

在 Photoshop 中，蒙版可以遮盖住部分图像，使其避免受到操作的影响，这种隐藏而非删除的编辑方式是一种非常方便的非破坏性编辑方式。通道是 Photoshop 的高级功能，它与图像内容、色彩和选区有关。Photoshop CC 的通道有多重用途，可以显示图像的分色信息、存储图像的选区范围和记录图像的特殊色信息。

4.5.1 蒙版分类及工作方式

在 Photoshop 中，蒙版分为快速蒙版、剪贴蒙版、矢量蒙版和图层蒙版。快速蒙版是一种用于创建和编辑选区的功能；矢量蒙版是由路径工具创建的蒙版，该蒙版可以通过路径与矢量图形控制图形的显示区域；使用图层蒙版可以将图像进行合成，蒙版中的白色区域可以遮盖下方图层中的内容，黑色区域可以遮盖当前图层中的内容；在 Photoshop 中，使用剪贴蒙版，用户可以通过一个图层来控制多个图层的显示区域。

在 Photoshop 中，蒙版具有转换方便、修改方便和运用不同滤镜等优点，下面介绍蒙版的作用。

➤ 转换方便：任意灰度图都可以转换成蒙版，操作方便。

➤ 修改方便：使用蒙版，不会像使用橡皮擦工具或剪切删除操作而造成不可返回的错误。

➤ 运用不同滤镜：使用蒙版，用户可以运用不同滤镜，制作出不同的效果。

【属性】面板用于调整所选图层中的图层蒙版和矢量蒙版的不透明度和羽化范围，执行【窗口】→【属性】命令即可打开【属性】面板，在【图层】面板中选中蒙版，即可在【属性】面板中设置蒙版的各项参数，如图 4-93 所示。

图 4-93

- 【添加像素蒙版】按钮 ：单击该按钮，可以为当前图层添加蒙版。
- 【添加矢量蒙版】按钮 ：单击该按钮，可以为当前图层添加矢量蒙版。
- 【密度】文本框 / 滑块：拖曳滑块可以控制蒙版的不透明度，即蒙版的遮盖强度。
- 【羽化】文本框 / 滑块：拖曳滑块可以柔化蒙版的边缘。
- 【蒙版边缘】按钮：单击该按钮，可以打开【调整蒙版】对话框修改蒙版边缘，并针对不同的背景查看蒙版。这些操作与调整选区边缘基本相同。
- 【颜色范围】按钮：单击该按钮，可以打开【色彩范围】对话框，此时可在图像中取样并调整颜色容差来修改蒙版范围。
- 【反相】按钮：单击该按钮，可以翻转蒙版的遮盖区域。
- 【从蒙版中载入选区】按钮 ：单击该按钮，可以载入蒙版中包含的选区。
- 【应用蒙版】按钮 ：单击该按钮，可以将蒙版应用到图像中，同时删除被蒙版遮盖的图像。
- 【停用 / 启用蒙版】按钮 ：单击该按钮，或按住 Shift 键单击蒙版的缩略图，可以停用或重新启用蒙版。停用蒙版时，蒙版缩览图上会出现一个红色的"×"。
- 【删除蒙版】按钮 ：单击该按钮，可删除当前蒙版。将蒙版缩览图拖曳到【图层】面板底部的按钮上，也可将其删除。

4.5.2 通道概述及工作方式

通道是用于存储图像颜色信息和选区信息等不同类型信息的灰度图像。一个图像最多可有 56 个通道。

在 Photoshop 中，通道的一个主要功能就是保存图像的颜色信息；另一个常用功能就是用来存放和编辑选区，也就是 Alpha 通道的功能，当选区范围被保存后，就会自动成为一个蒙版保存在一个新增的通道中，该通道会自动被命名为 Alpha。

通道可以存储选区，便于更精确地抠取图像。利用通道可以完成图像色彩的调整和特殊效果的制作，灵活地使用通道可以自由地调整图像的色彩信息，为印刷制版、制作分色片提供方便。

通道主要包括颜色通道、Alpha 通道和专色通道。

1. 颜色通道

颜色通道是在打开新图像时自动创建的通道，记录了图像的颜色信息。图像的颜色模式不同，颜色通道的数量也不相同。RGB 图像中包含红、绿、蓝通道和一个用于编辑图像的复合通道；CMYK 图像包含青色、洋红、黄色、黑色通道和一个复合通道；Lab 图像包含明度、a、b 通道和一个复合通道；位图、灰度、双色调和索引颜色图像都只有一个通道。

2. Alpha 通道

Alpha 通道是一个 8 位的灰度通道，该通道用 256 级灰度来记录图像中的透明度信息，定义透明、不透明和半透明区域。Alpha 通道有三种用途，一是用于保存选区；二是可以将选区存储为灰度图像，这样就能够用画笔、加深、简单等工具以及各种滤镜，通过编辑 Alpha 通道来修改选区；三是 Alpha 通道中可以载入选区。Alpha 通道与颜色通道不同，它不会直接影响图像的颜色。

在 Alpha 通道中，默认情况下，白色代表选区，黑色代表非选区，灰色代表被部分选择的区域状态，即羽化的区域。用白色涂抹 Alpha 通道可以扩大选区范围，用黑色涂抹则收缩选区，用灰色涂抹可以增加羽化范围。

3. 专色通道

专色通道用来存储印刷用的专色。专色是特殊的预混油墨，如金属金银色油墨、荧光油墨等，它们用于替代或补充普通的印刷色油墨。通常情况下，专色通道都是以专色的名称来命名的。每个专色通道都有属于自己的印版，在对一张含有专色通道的图像进行印刷输出时，专色通道会作为一个单独页被打印出来。

在 Photoshop 中，使用通道编辑图像之前，用户首先要对【通道】面板的组成有所了解，下面详细介绍【通道】面板组成方面的知识，如图 4-94 所示。

➢ 复合通道：在复合通道下，用户可以同时预览和编辑所有颜色通道。

➢ 颜色通道：用于记录图像颜色信息的通道。

➢ 专色通道：用于保存专色油墨的通道。

图 4-94

➢ Alpha 通道：用于保存选区的通道。

➢ 【将通道作为选区载入】按钮：单击该按钮，用户可以载入所选通道中的选区。

➢ 【将选区存储为通道】按钮：单击该按钮，用户可以将图像中的选区保存在通道内。

➢ 【创建新通道】按钮：单击该按钮，用户可以新建 Alpha 通道。

➢ 【删除当前通道】按钮：用于删除当前选择的通道，复合通道不能删除。

4.5.3　实战——制作渐变文字海报

 　本案例将制作渐变文字海报，涉及的知识点有创建文档，设置前景色，填充前景色，使用横排文字工具输入文字，创建蒙版，使用渐变工具绘制线性渐变，复制图层等。

　　　　　　<< 扫码获取配套视频课程，本节视频课程播放时长约为 1 分 11 秒。

 配套素材路径：配套素材\第4章\效果文件\4.5.3
素材文件名称：4.5.3.jpg、4.5.3.psd

操作步骤　　　　　　　　　　　　　　　　　　　　　　Step by Step

第1步　新建一个 800×800、分辨率为 72 像素 / 英寸的文档，设置前景色 RGB 数值分别为 49、65、118，按 Alt+Delete 组合键，为 "背景" 图层填充前景色，如图 4-95 所示。

第2步　使用横排文字工具输入文字，设置字体为 "方正大标宋简体"，大小为 150 点，颜色为白色，在【图层】面板中为文字图层创建蒙版，效果如图 4-96 所示。

图 4-95

图 4-96

第3步　在工具箱中单击【渐变工具】按钮，设置前景色为黑色，设置渐变选项为 "黑色到透明色"，单击【线性渐变】按钮，在文字上绘制渐变，如图 4-97 所示。

第4步　得到的渐变效果如图 4-98 所示。

图 4-97

图 4-98

第5步 复制出另外 3 份文字图层，更改文字内容，如图 4-99 所示。

第6步 调整文字的摆放位置，效果如图 4-100 所示。

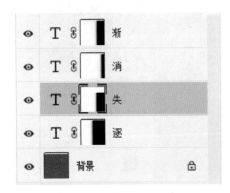

图 4-99

图 4-100

4.6 实战案例与应用

经过前面的学习，相信大家对使用 Photoshop 进行图像抠图与作品合成的知识都已经有了一定的了解，接下来通过实战案例与应用巩固所学知识。

4.6.1　为商品主体图像调色

本案例将介绍为商品主体图像调色的操作方法，涉及的知识点有打开素材，创建【色相/饱和度】调整图层，设置调整图层参数，创建剪贴蒙版等。

<< 扫码获取配套视频课程，本节视频课程播放时长约为39秒。

配套素材路径：配套素材\第4章\素材文件\4.6.1
素材文件名称：1.psd

操作步骤　　　　　　　　　　　　　　　　　　　　Step by Step

【第1步】打开"1.psd"素材，选中"图层1"图层，如图4-101所示。

图4-101

【第3步】在【色相/饱和度】调整图层的属性面板中设置参数，如图4-103所示。

图4-103

【第5步】右击调整图层，在弹出的快捷菜单中选择【创建剪贴蒙版】菜单项，如图4-105所示。

【第2步】执行【图层】→【新建调整图层】→【色相/饱和度】命令，打开【新建图层】对话框，保持默认设置，单击【确定】按钮，如图4-102所示。

图4-102

【第4步】可以看到图像颜色发生了改变，如图4-104所示。

图4-104

【第6步】此时背景图层不再受调整图层影响，效果如图4-106所示。

图 4-105

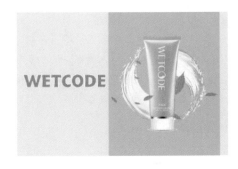

图 4-106

4.6.2 制作红酒商品图

本案例将介绍制作红酒商品图的方法，涉及的知识点有打开素材，复制图层，复制通道，使用【曲线】对话框调节色调，将通道作为选区载入，添加图层蒙版等。

<< 扫码获取配套视频课程，本节视频课程播放时长约为 1 分 01 秒。

配套素材路径：配套素材\第4章\素材文件\4.6.2

素材文件名称：1.jpg、2.jpg

操作步骤   Step by Step

第 1 步 打开 "1.jpg" 素材，按 Ctrl+J 组合键复制背景图层得到 "图层 1"，如图 4-107 所示。

第 2 步 在【通道】面板中将 "红" 通道拖到【创建新通道】按钮 ⊞ 上，得到 "红 拷贝" 通道，如图 4-108 所示。

图 4-107

图 4-108

第3步 按 Ctrl+M 组合键打开【曲线】对话框，添加一个点，设置参数，单击【确定】按钮，如图 4-109 所示。

第4步 按 Ctrl+I 组合键将颜色反相，单击【通道】面板底部的【将通道作为选区载入】按钮 ◌，得到选区效果如图 4-110 所示。

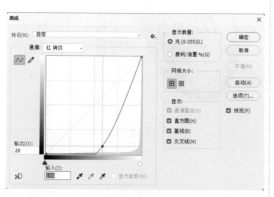

图 4-109

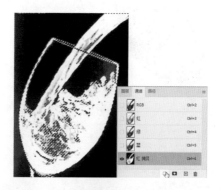

图 4-110

第5步 在【图层】面板中选中"图层1"，单击【添加图层蒙版】按钮 ▣，如图 4-111 所示。

第6步 隐藏"背景"图层，可以看到"图层1"中酒杯以外的部分因为蒙版被隐藏，效果如图 4-112 所示。

图 4-111

图 4-112

第7步 单击"图层1"的缩览图选中"图层1"，多次按 Ctrl+J 组合键复制图层，效果如图 4-113 所示。

第8步 将"2.jpg"素材置入图像中，调整大小、旋转 90°，并将其放在"图层1"的下方，如图 4-114 所示。

图 4-113

图 4-114

4.6.3 制作美发广告

本案例将介绍制作美发广告的操作方法，涉及的知识点有打开素材，置入、嵌入对象，使用快速选择工具选取素材，反选选区，隐藏通道，复制通道，为通道设置"色阶"参数等。

<< 扫码获取配套视频课程，本节视频课程播放时长约为 1 分 37 秒。

配套素材路径：配套素材\第4章\素材文件\4.6.3
素材文件名称：1.jpg、2.jpg

操作步骤   Step by Step

第 1 步 打开"1.jpg"素材，将"2.jpg"素材置入"1.jpg"图像中，并将其栅格化，在工具箱中单击【快速选择工具】按钮 ，在人像区制作出人物部分的大致选区，单击【选择并遮住】按钮，如图 4-115 所示。

第 2 步 设置【视图】选项为"叠加"，单击【调整边缘画笔工具】按钮 ，在带有背景色的头发丝部分进行涂抹，并设置选项参数如图 4-116 所示。

图 4-115

图 4-116

第3步 得到效果如图 4-117 所示，然后隐藏该图层。

第4步 在【通道】面板隐藏除"蓝"通道以外的所有通道，复制"蓝"通道，选中复制的通道，按 Ctrl+L 组合键，打开【色阶】对话框，设置参数，如图 4-118 所示。

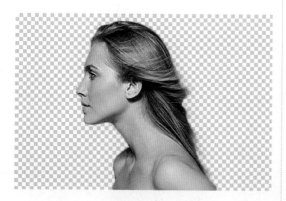

图 4-117

图 4-118

第5步 单击【通道】面板中的【将通道作为选区载入】按钮 ◯，创建选区，按 Ctrl+Shift+I 组合键反选选区，显示 RGB 通道，在【图层】面板中选中该图层，单击【添加图层蒙版】按钮 ◯，效果如图 4-119 所示。

第6步 显示所有图层，最终效果如图 4-120 所示。

图 4-119

图 4-120

4.7 思考与练习

一、填空题

1. 如果对象的边缘比较清晰，并且与背景对比明显，可以使用_____工具快速选择对象。

2. _____工具是一种基于色调和颜色差异来构建选区的工具。

二、判断题

1. 用户不能使用套索工具对不规则形状进行抠图。 （   ）

2. 多边形套索工具可以创建由曲线构成的选区，适合选择边缘为曲线的对象。 （   ）

三、思考题

1. 如何扩展选区？

2. 如何使用钢笔工具绘制曲线？

第5章

商品图像特效与批处理

　　本章主要介绍商品图像特效与批处理的知识，包括使用滤镜处理图像、制作商品动态图以及自动处理商品图片。通过对本章内容的学习，读者可以掌握商品图像特效与批处理的方法，为深入学习新媒体电商美工设计与广告制作奠定基础。

扫码获取本章素材

5.1 使用滤镜处理图像

滤镜是 Photoshop 最具吸引力的功能之一。Photoshop 的滤镜家族中有一百多个"成员"，它们都在【滤镜】菜单中。滤镜的作用是实现图像的各种特殊效果。滤镜通常需要同通道、图层等联合使用，才能取得最佳艺术效果。

5.1.1 认识滤镜

Photoshop 滤镜是一种插件模块，能够操纵图像中的像素，通过改变像素的位置或颜色来生成特效。滤镜的功能非常强大，不仅可以制作一些常见的特殊艺术效果（如素描、印象派绘画等），还可以制作出绚丽无比的创意图像。

Photoshop 中的滤镜可以分为内置滤镜和外挂滤镜两大类。Adobe 公司提供的内置滤镜显示在【滤镜】菜单中，单击【滤镜】菜单，在弹出的菜单中可以看到多种滤镜，如图 5-1 所示。第三方开发商开发的滤镜可以作为增效工具使用，在安装外挂滤镜后，这些增效工具滤镜将出现在【滤镜】菜单的底部。

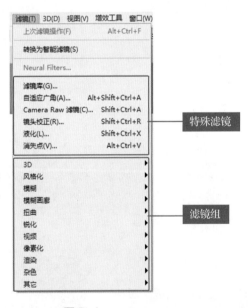

图 5-1

Photoshop 的内置滤镜主要有两种用途。第一种用于创建具体的图像特效，如可以生成粉笔画、图章、纹理、波浪等各种效果，此类滤镜的数量很多。

第二种用于编辑图像，如减少图像杂色、提高清晰度等。这些滤镜在"模糊""锐化""杂色"等滤镜组中。此外，"液化""消失点""镜头校正"也属于此类滤镜。这三种滤镜比较特殊，他们功能强大，并且有自己的工具和独特的操作方法，更像是独立的软件。

5.1.2　实战——制作涂鸦效果海报

本案例将制作涂鸦效果海报，涉及的知识点有打开素材，打开【滤镜库】对话框，使用海报边缘滤镜，设置滤镜参数，置入嵌入对象等。

<< 扫码获取配套视频课程，本节视频课程播放时长约为 28 秒。

　配套素材路径：配套素材\第5章\素材文件\5.1.2

素材文件名称：1.jpg、2.png

操作步骤　　　　　　　　　　　　　　　　　　　　　　　　　　　　　Step by Step

第 1 步 打开 "1.jpg" 素材，❶单击【滤镜】菜单，❷选择【滤镜库】菜单项，如图 5-2 所示。

图 5-2

第 2 步 打开【滤镜库】对话框，❶单击展开【艺术效果】选项，❷单击【海报边缘】选项，❸设置效果参数，❹单击【确定】按钮，如图 5-3 所示。

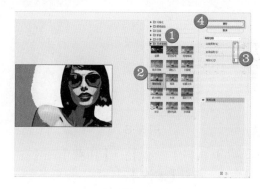

图 5-3

第 3 步 图像效果如图 5-4 所示。

图 5-4

第 4 步 将 "2.png" 素材置入图像，效果如图 5-5 所示。

图 5-5

5.1.3 实战——制作拼贴画效果详情页

本案例将介绍制作拼贴画效果详情页，需要使用到的知识点有矩形选框工具、【波浪】命令、【斜面和浮雕】命令等。

<< 扫码获取配套视频课程，本节视频课程播放时长约为 1 分 03 秒。

配套素材路径：配套素材\第5章\素材文件\5.1.3

素材文件名称：1.png、2.png、3.png、4.png

操作步骤　　　　　　　　　　　　　　　　　　　　　Step by Step

第1步 新建一个 900×450 的文档，设置前景色为白色，按 Alt+Delete 组合键填充前景色，如图 5-6 所示。

图 5-6

第2步 新建图层，使用矩形选框工具绘制矩形选区，设置前景色 RGB 数值分别为 136、201、242，为矩形选区填充前景色，取消选区，如图 5-7 所示。

图 5-7

第3步 执行【滤镜】→【扭曲】→【波浪】命令，打开【波浪】对话框，设置参数，单击【确定】按钮，如图 5-8 所示。

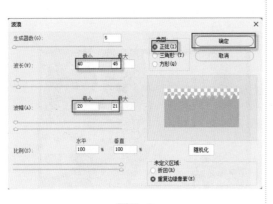

图 5-8

第4步 执行【图层】→【图层样式】→【斜面和浮雕】命令，打开【斜面和浮雕】对话框，设置参数，如图 5-9 所示。

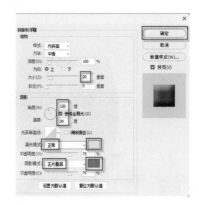

图 5-9

第5步 蓝色图层添加了斜面浮雕效果，将"1.png"素材置入文档中，调整位置，如图 5-10 所示。

第6步 将"2.png"素材置入文档中，调整位置，如图 5-11 所示。

图 5-10

图 5-11

第7步 将"3.png""4.png"素材置入到文档中，调整位置，如图 5-12 所示。

图 5-12

5.2　制作商品动态图

使用 Photoshop 可以创建多图连续切换显示的动态图像效果，即通常所说的"帧动画"。这种动画形式是通过将多个图形快速播放，从而形成动态的画面效果。

5.2.1　时间轴面板

执行【窗口】→【时间轴】命令，打开【时间轴】面板，单击创建模式下拉按钮，在弹出的下拉列表中选择【创建帧动画】选项，如图 5-13 所示。

此时【时间轴】面板显示为"帧动画"模式。在该模式下，【时间轴】面板中将显示动画中每个帧的缩览图；面板底部的各按钮分别用于浏览各个帧、设置循环选项、添加和删除帧，以及预览动画等，如图 5-14 所示。

- ➢ 【选择帧延迟时间】下拉按钮 0.5∨：设置单个帧在播放时持续的时间。
- ➢ 【转换为视频时间轴】按钮 ：单击该按钮，即可将面板切换到【视频时间轴】模式。

图 5-13

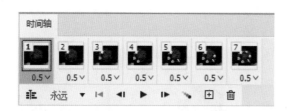

图 5-14   图 5-15

> 【选择循环选项】下拉按钮 永远 ▼：动画的循环播放方式，选择【一次】选项则播放一次后停止；选择【3次】选项则播放 3 次后停止；选择【永远】选项则循环播放动画效果。
> 【选择第一帧】按钮 I◀：单击该按钮，即可快速切换到第一帧。
> 【选择前一帧】按钮 ◀I：单击该按钮，即可快速选中前一帧。
> 【播放动画】按钮 ▶：单击该按钮，可以开始或停止动画的播放。
> 【选择下一帧】按钮 I▶：单击该按钮，即可快速选中后一帧。
> 【过渡动画帧】按钮 ➴：在两个现有帧之间添加一系列帧，使这两帧之间产生过渡效果。单击该按钮，打开【过渡】对话框，在其中可以对过渡方式、过渡帧数等选项进行设置，如图 5-15 所示。
> 【复制所选帧】按钮 ⊞：单击该按钮，即可复制出当前所选的帧，以此创建新的帧。
> 【删除所选帧】按钮 🗑：单击该按钮，即可删除所选帧。

5.2.2　实战——制作动态商品展示图

　　本案例将制作动态商品展示图，涉及的知识点有打开素材，使用快速选择工具选出选区，填充前景色，设置图层混合模式，复制图层组，更改选区颜色，创建帧动画等。

　　＜＜扫码获取配套视频课程，本节视频课程播放时长约为 2 分 44 秒。

配套素材路径：配套素材\第5章\素材文件\5.2.2
素材文件名称：1.jpg

操作步骤

第 1 步 打开 "1.jpg" 素材，按 Ctrl+J 组合键复制背景图层，得到 "图层 1"，创建一个组，将 "图层 1" 移入组中，选中 "图层 1"，使用快速选择工具选出行李箱的主体部分，设置前景色为紫色，如图 5-16 所示。

第 2 步 在 "组 1" 中新建一个 "图层 2"，按 Alt+Delete 组合键填充前景色，取消选区，如图 5-17 所示。

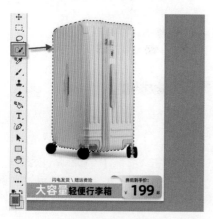

图 5-16

图 5-17

第 3 步 设置 "图层 2" 的【混合模式】选项为 "叠加"，完成为行李箱主体换色的操作，如图 5-18 所示。

第 4 步 复制 "组 1"，将复制出的组命名为 "组 2"，如图 5-19 所示。

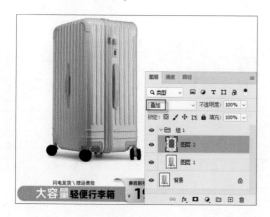

图 5-18

图 5-19

第5步 按住Ctrl键单击"组2"中的"图层2"缩览图，载入选区，设置前景色RGB数值分别为250、36、36，按Alt+Delete组合键为选区填充前景色，效果如图5-20所示。

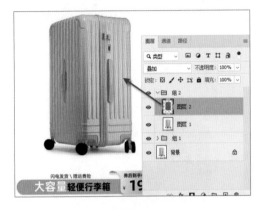

图5-20

第6步 使用相同方法复制出"组3"，并更改行李箱的主体颜色为绿色，效果如图5-21所示。

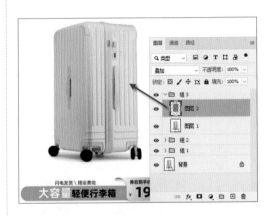

图5-21

第7步 使用相同方法复制出"组4"，并更改行李箱的主体颜色为紫色，效果如图5-22所示。

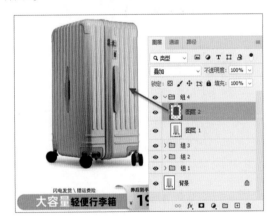

图5-22

第8步 在【时间轴】面板中单击创建模式下拉按钮，选择【创建帧动画】选项，此时【时间轴】面板变为"帧动画"模式，设置第一帧的【帧延迟时间】选项为"0.2秒"，设置【循环次数】选项为"永远"，如图5-23所示。

图5-23

第9步 单击3次【复制所选帧】按钮，选择第一帧，在【图层】面板中显示"背景"和"组1"图层，其他图层隐藏掉，如图5-24所示。

第10步 选择第二帧，在【图层】面板中显示"背景"和"组2"图层，其他图层隐藏掉，如图5-25所示。

图 5-24

图 5-25

第11步 选择第三帧，在【图层】面板中显示"背景"和"组 3"图层，其他图层隐藏掉，如图 5-26 所示。

第12步 选择第四帧，在【图层】面板中显示"背景"和"组 4"图层，其他图层隐藏掉，如图 5-27 所示。

图 5-26

图 5-27

第13步 执行【文件】→【导出】→【存储为 Web 所用格式（旧版）】命令，打开【存储为 Web 所用格式】对话框，设置【格式】选项为 GIF，单击【存储】按钮，如图 5-28 所示。

第14步 打开【将优化结果存储为】对话框，设置保存位置，输入文件名，单击【保存】按钮即可完成操作，如图 5-29 所示。

图 5-28

图 5-29

5.2.3 实战——制作蝴蝶飞舞动画

本案例将介绍制作蝴蝶飞舞动画，涉及的知识点有打开素材，置入、嵌入对象，创建帧动画，复制图层，对图层进行自由变换等。

<< 扫码获取配套视频课程，本节视频课程播放时长约为 1 分 15 秒。

 配套素材路径：配套素材\第5章\素材文件\5.2.3
素材文件名称：花.jpg、蝴蝶.png

操作步骤   Step by Step

第1步 打开"花.jpg"素材，将"蝴蝶.jpg"素材置入"花.jpg"素材中，调整大小和摆放位置，如图5-30所示。

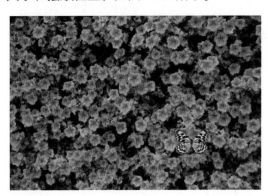

图 5-30

第3步 单击【复制所选帧】按钮，复制出一个与第一帧相同的动画帧，如图5-32所示。

图 5-32

第2步 在【时间轴】面板中单击【创建模式】下拉按钮，选择【创建帧动画】选项，此时【时间轴】面板变为"帧动画"模式，设置第一帧的【帧延迟时间】选项为"0.2秒"，设置【循环次数】选项为"永远"，如图5-31所示。

图 5-31

第4步 在【图层】面板中选中"蝴蝶"图层，按Ctrl+J组合键复制图层，隐藏"蝴蝶"图层，如图5-33所示。

图 5-33

第5步 按住 Ctrl+T 组合键对"蝴蝶 拷贝"图层进行自由变换，在选项栏单击【保持长宽比】按钮 ⇔，取消长宽比链接，将光标移至右侧中间的控制点上，将蝴蝶项中间压扁，如图 5-34 所示。

图 5-34

第7步 分别调整蝴蝶左上和左下两个控制点，效果如图 5-36 所示。

图 5-36

第6步 右击图形，在弹出的快捷菜单中选择【斜切】菜单项，如图 5-35 所示。

图 5-35

第8步 执行【文件】→【导出】→【存储为 Web 所用格式（旧版）】命令，打开【存储为 Web 所用格式】对话框，设置【格式】选项为 GIF，单击【存储】按钮即可完成操作，如图 5-37 所示。

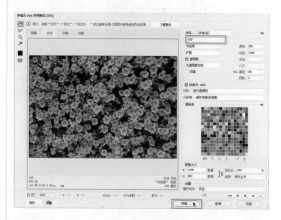

图 5-37

5.3 自动处理商品图片

　　动作是用于处理单个文件或一批文件的一系列命令。在 Photoshop 中，用户可以通过动作将图像的处理过程记录下来，以后对其他图像进行相同的处理时，执行该动作便可以自动完成操作任务。

5.3.1 认识动作面板

在 Photoshop 中，【动作】面板用于执行对动作的编辑操作，如创建和修改动作等，执行【窗口】→【动作】命令即可打开【动作】面板，如图 5-38 所示。

- 动作组 / 动作 / 已记录的命令：动作组是一系列动作的集合，动作是一系列操作命令的集合，单击【向下箭头】按钮，可以展开命令列表，显示命令的具体参数。
- 切换项目开 / 关：如果目前的动作组、动作和已记录的命令中显示 ✔ 标志，表示这个动作组、动作和已记录的命令可以执行；如果无该标志，则动作组和已记录的命令不能执行。如果某一命令前没有该标志，表示该命令不能执行。
- 切换对话开 / 关：如果该命令前有 🗆 标志，表示动作执行到该命令时暂停，并打开相应命令的对话框，可以修改相应命令的参数，单击【确定】按钮可以继续执行后面的动作。如果动作组和动作前出现该标志，并显示为红色，则表示该动作中有部分命令设置了暂停。
- 【停止播放 / 记录】按钮 ■：用来停止播放动作和停止记录动作。

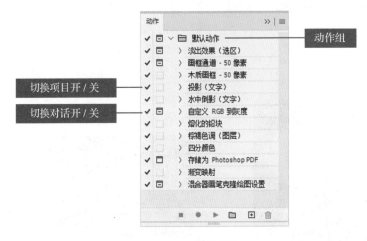

图 5-38

- 【开始记录】按钮 ●：单击该按钮，可以进行录制动作操作。
- 【播放选定的动作】按钮 ▶：选择一个动作后，单击该按钮可以播放该动作。
- 【创建新组】按钮 ▢：单击该按钮，将创建一个新的动作组。
- 【创建新动作】按钮 ⊞：单击该按钮，可以创建一个新动作。
- 【删除动作】按钮 🗑：单击该按钮，将删除动作组、动作和已记录命令。

5.3.2 记录与使用动作

在 Photoshop 中处理图像时，如果经常使用动作，用户可以将该动作进行记录，这样可以方便日后重复使用。下面介绍记录与使用动作的方法。

【第1步】打开一张图片，如图5-39所示。

图5-39

【第3步】打开【新建组】对话框，保持默认设置，单击【确定】按钮，如图5-41所示。

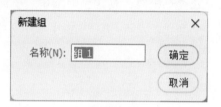

图5-41

【第5步】打开【新建动作】对话框，保持默认设置，单击【记录】按钮，如图5-43所示。

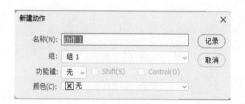

图5-43

【第2步】在【动作】面板中单击【创建新组】按钮，如图5-40所示。

图5-40

【第4步】在【动作】面板中单击【创建新动作】按钮，如图5-42所示。

图5-42

【第6步】接下来可以进行一些操作，【动作】面板会自动记录当前进行的操作，操作完成后单击【停止播放/记录】按钮，如图5-44所示。

图5-44

155

第 7 步 打开一张素材，如图5-45所示。

图 5-45

第 8 步 在【动作】面板中选中"动作1"，单击【播放选定的动作】按钮▶，即可让新打开的素材应用该动作，如图5-46所示。

图 5-46

5.3.3 实战——制作不同饱和度图像动画

本案例将介绍制作不同饱和度图像动画，涉及的知识点有打开素材，载入动作，复制图层，为图层播放选定的动作，创建帧动画等。

<< 扫码获取配套视频课程，本节视频课程播放时长约为1分39秒。

 配套素材路径：配套素材\第5章\素材文件\5.3.3
素材文件名称：划船.jpeg、2.atn

操作步骤　　　　　　　　　　　　　　　　　　Step by Step

第 1 步 打开"划船.jpeg"素材，将"背景"图层复制3份，如图5-47所示。

图 5-47

第 2 步 在【动作】面板中单击菜单按钮，选择【载入动作】菜单项，如图5-48所示。

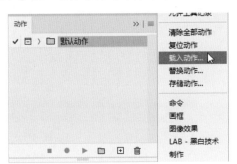

图 5-48

第3步 打开【载入】对话框，❶选择准备载入的动作，❷单击【载入】按钮，如图 5-49 所示。

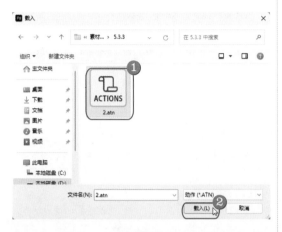

图 5-49

第5步 选择复制的一个图层，隐藏其他图层，在【动作】面板中选择"反转片"动作，单击【播放选定的动作】按钮▶，画面效果如图 5-51 所示。

图 5-51

第7步 选择最后一个复制的图层，隐藏其他图层，在【动作】面板中选择"高彩"动作，单击【播放选定的动作】按钮▶，画面效果如图 5-53 所示。

第4步 【动作】面板已经载入了名为"组1"的一组动作，如图 5-50 所示。

图 5-50

第6步 选择复制的另一个图层，隐藏其他图层，在【动作】面板中选择"单色图像"动作，单击【播放选定的动作】按钮▶，画面效果如图 5-52 所示。

图 5-52

第8步 隐藏复制的 3 个图层，只保留"背景"图层，打开【时间轴】面板，单击【创建帧动画】按钮，设置第一帧的【帧延迟时间】选项为"0.5秒"，设置【循环次数】选项为"永远"，单击 3 次【复制所选帧】按钮⊞，复制动画帧，如图 5-54 所示。

图 5-53

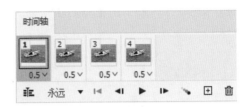

图 5-54

第 9 步 选择第 2 帧动画，保留"背景 拷贝 3"图层，隐藏其他图层，如图 5-55 所示。

第10步 选择第 3 帧动画，保留"背景 拷贝 2"图层，如图 5-56 所示。

图 5-55

图 5-56

第11步 选择第 4 帧动画，保留"背景 拷贝 2"图层，隐藏其他图层，如图 5-57 所示。

图 5-57

5.4 实战案例与应用

　　经过前面的学习，相信大家对使用 Photoshop 进行商品图像特效和批处理的知识都已经有了一定的了解，接下来通过实战案例与应用巩固所学知识。

5.4.1 批量添加水印

本案例将介绍批量添加水印的操作方法，涉及的知识点有打开素材，创建新动作，置入、嵌入对象，存储图像，停止记录动作，执行批处理命令等。

<< 扫码获取配套视频课程，本节视频课程播放时长约为 1 分 15 秒。

 配套素材路径：配套素材\第5章\素材文件\5.4.1
素材文件名称：水印.png、1.jpg、2.jpg、3.jpg、4.jpg

操作步骤　　　　　　　　　　　　　　　　　　　　　Step by Step

第 1 步　打开"1.jpg"素材，在【动作】面板中单击【创建新组】按钮🗀，如图 5-58 所示。

第 2 步　打开【新建组】对话框，保持默认设置，单击【确定】按钮，如图 5-59 所示。

图 5-58

图 5-59

第 3 步　在【动作】面板中单击【创建新动作】按钮⊞，打开【新建动作】对话框，保持默认设置，单击【确定】按钮，开始记录动作，如图 5-60 所示。

第 4 步　将"水印"素材置入图像，调整位置和大小，如图 5-61 所示。

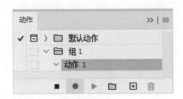

图 5-60

图 5-61

第5步 在【图层】面板中右击"水印"图层，选择【向下合并】菜单项，如图 5-62 所示。

图 5-62

第7步 完成操作后在【动作】面板中单击【停止播放/记录】按钮■，如图 5-64 所示。

图 5-64

第9步 打开【选取批处理文件夹】对话框，选中文件夹，单击【选择文件夹】按钮，如图 5-66 所示。

第6步 执行【文件】→【存储为】命令，打开【存储为】对话框，设置保存位置，单击【保存】按钮，如图 5-63 所示。

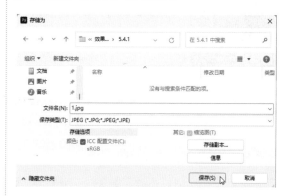

图 5-63

第8步 执行【文件】→【自动】→【批处理】命令，打开【批处理】对话框，设置【组】选项为"组1"，【动作】选项为"动作1"，【目标】选项为"保存并关闭"，单击【选择】按钮，如图 5-65 所示。

图 5-65

第10步 返回【批处理】对话框，单击【确定】按钮即可完成为多张图片批量添加水印的操作，如图 5-67 所示。

图 5-66   图 5-67

5.4.2 批量调色商品图片

　　本案例将介绍批量调色商品图片的操作方法，涉及的知识点有打开素材，创建新动作，置入、嵌入对象，存储图像，停止记录动作，执行批处理命令等。

<< 扫码获取配套视频课程，本节视频课程播放时长约为 58 秒。

配套素材路径：配套素材\第5章\素材文件\5.4.2
素材文件名称：1.jpg、2.jpg、3.jpg、4.jpg

操作步骤   Step by Step

【第1步】 打开"1.jpg"素材，在【动作】面板中单击【创建新组】按钮▢，打开【新建组】对话框，保持默认设置，单击【确定】按钮，在【动作】面板中单击【创建新动作】按钮⊞，打开【新建动作】对话框，保持默认设置，单击【确定】按钮，开始记录动作，如图 5-68 所示。

【第2步】 执行【图像】→【调整】→【亮度/对比度】命令，打开【亮度/对比度】对话框，设置参数，单击【确定】按钮，如图 5-69 所示。

图 5-68

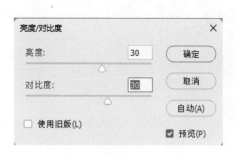

图 5-69

新媒体电商美工设计与广告制作（微视频版）

第3步 执行【文件】→【存储为】命令，打开【存储为】对话框，设置保存位置，单击【保存】按钮，如图 5-70 所示。

图 5-70

第4步 在【动作】面板中单击【停止播放/记录】按钮■，如图 5-71 所示。

图 5-71

第5步 执行【文件】→【自动】→【批处理】命令，打开【批处理】对话框，设置【组】选项为"组1"，【动作】选项为"动作1"，【目标】选项为"保存并关闭"，单击【选择】按钮，如图 5-72 所示。

图 5-72

第6步 打开【选取批处理文件夹】对话框，选中文件夹，单击【选择文件夹】按钮，如图 5-73 所示。

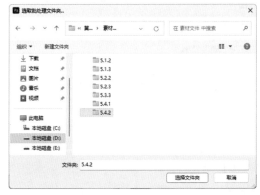

图 5-73

第7步 返回【批处理】对话框，单击【确定】按钮即可完成批量调色商品图片的操作，如图 5-74 所示。

图 5-74

5.5　思考与练习

一、填空题

1. 使用 Photoshop 可以创建多图连续切换显示的动态图像效果，即通常所说的
_____。

2. Photoshop 中的滤镜可以分为_____和_____两大类。

二、判断题

1. 滤镜通常需要同通道、图层等联合使用，才能取得最佳艺术效果。　　　（　　）

2. 动作是用于处理单个文件或一批文件的一系列命令。在 Photoshop 中，用户可以通过动作将图像的处理过程记录下来，以后对其他图像进行相同的处理时，执行该动作便可以自动完成操作任务。　　　　　　　　　　　　　　　　　　　　　　　（　　）

三、思考题

1. 如何打开【滤镜库】对话框？

2. 如何记录与使用动作？

第 6 章

灵活运用文字

本章主要介绍灵活运用文字的知识，包括认识与使用文字工具和使用图层样式制作文字特效。通过对本章内容的学习，读者可以掌握使用Photoshop制作文字特效的方法，为深入学习新媒体电商美工设计与广告制作奠定基础。

扫码获取本章素材

6.1 认识与使用文字工具

Photoshop 中的文字工具由基于矢量的文字轮廓组成，文字工具组不只是应用于排版方面，在平面设计与图像编辑中也占有非常重要的地位。本节将详细介绍认识与使用文字工具方面的知识。

6.1.1 创建点文字

点文字是一个水平或垂直的文本行，每行文字都是独立的。行的长度随着文字的输入而不断增加，不会进行自动换行，需要手动按 Enter 键进行换行。下面详细介绍创建点文字的方法。

操作步骤 Step by Step

第 1 步 在工具箱中单击【横排文字工具】按钮 **T**，在选项栏中设置字体和大小，使用输入法输入内容，如图 6-1 所示。

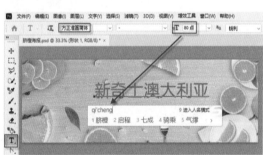

图 6-1

第 2 步 选中文本，在选项栏中单击【颜色】按钮，如图 6-2 所示。

图 6-2

第 3 步 打开【拾色器】对话框，❶设置 RGB 数值，❷单击【确定】按钮，如图 6-3 所示。

第 4 步 调整文字摆放位置，复制文字图层，加深文字颜色，最终效果如图 6-4 所示。

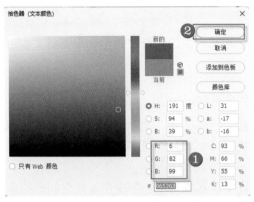

图 6-3

图 6-4

6.1.2　创建段落文字

在定界框中输入段落文字时，系统提供自动换行和可调文字区域大小等功能。下面详细介绍在 Photoshop 中输入段落文字的方法。

操作步骤　Step by Step

第1步　在工具箱中单击【横排文字工具】按钮 T.，在选项栏中设置字体和大小，单击【左对齐文本】按钮 ，设置颜色为白色，在图像上按住鼠标左键拖动，绘制出一个矩形文本框，如图 6-5 所示。

第2步　在其中使用输入法输入文字，文字会自动排列在文本框中，如图 6-6 所示。

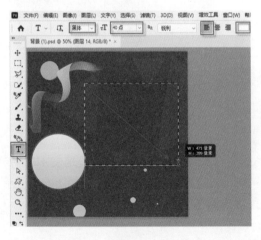

图 6-5

图 6-6

6.1.3 字符面板和段落面板

在文字工具组的选项栏中，可以快捷地对文本的部分属性进行修改。如果要对文本进行更多的设置，就需要使用【字符】面板和【段落】面板。

1.【字符】面板

在【字符】面板中，除了包括常见的字体系列、字体样式、文字大小、文字颜色和消除锯齿等设置外，还包括行距、字距等常见设置，执行【窗口】→【字符】命令即可打开【字符】面板，如图 6-7 所示。

➢ 【设置行距】下拉列表 ：行距就是上一行文字基线与下一行文字基线之间的距离。选择需要调整的文字图层，然后在【设置行距】数值框中输入行距数或在下拉列表框中选择预设的行距值，按 Enter 键即可。

➢ 【垂直缩放】文本框 /【水平缩放】文本框 ：用于设置文字的垂直或水平缩放比例，以调整文字的高度或宽度。

➢ 【比例间距】下拉列表 ：是按指定的百分比来减少字符周围的空间。字符本身并不会被伸展或挤压，而是字符之间的间距被伸展或挤压了。

➢ 【字距调整】下拉列表 ：用于设置文字的字符间距。输入正值时，字距会扩大；输入负值时，字距会缩小。

➢ 【字距微调】下拉列表 ：用于设置两个字符之间的字距微调。在设置时，首先要将光标插入到需要进行字距微调的两个字符之间，然后在数值框中输入所需的字距微调数量，输入正值时，字距会扩大；输入负值时，字距会缩小。

➢ 【基线偏移】文本框 ：用来设置文字与文字基线之间的距离。输入正值时，文字会上移；输入负值时，文字会下移。

➢ 【文字样式】按钮 ：设置文字的效果，共有仿粗体、仿斜体、全部大写字母、小型大写字母、上标、下标、下画线和删除线 8 种。

➢ 【语言设置】下拉按钮 美国英语 ：用于设置文本连字符和拼写的语言类型。

➢ 【消除锯齿方式】下拉按钮 aa 锐利 ：输入文字以后，可以在选项栏中为文字指定一种消除锯齿的方式。

2.【段落】面板

【段落】面板提供了用于设置段落编排格式的所有选项，还提供了设置段落文本的对齐方式和缩进量等参数，执行【窗口】→【段落】命令即可打开【段落】面板，如图 6-8 所示。

➢ 【左对齐文本】按钮 ：文字左对齐，段落右端参差不齐。

➢ 【居中对齐文本】按钮 ：文字居中对齐，段落两端参差不齐。

➢ 【右对齐文本】按钮 ：文字右对齐，段落左端参差不齐。

➢ 【最后一行左对齐】按钮 ：最后一行左对齐，其他行左右两端强制对齐。

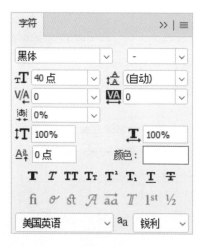

图 6-7   图 6-8

➢ 【最后一行居中对齐】按钮▤：最后一行居中对齐，其他行左右两端强制对齐。

➢ 【最后一行右对齐】按钮▤：最后一行右对齐，其他行左右两端强制对齐。

➢ 【全部对齐】按钮▤：在字符间添加额外的间距，使文本左右两端强制对齐。

➢ 【左缩进】文本框•▤：用于设置段落文本向左（横排文字）或向上（直排文字）的缩进量。

➢ 【右缩进】文本框▤•：用于设置段落文本向右（横排文字）或向下（直排文字）的缩进量。

➢ 【首行缩进】文本框•▤：用于设置段落文本中每个段落的第 1 行向右（横排文字）或第 1 列文字向下（直排文字）的缩进量。

➢ 【段前添加空格】文本框•▤：设置光标所在段落与前一个段落之间的间隔距离。

➢ 【段后添加空格】文本框▤•：设置当前段落与另外一个段落之间的间隔距离。

➢ 【避头尾设置】下拉按钮：不能出现在一行的开头或结尾的字符称为避头尾字符，Photoshop 提供了基于标准 JIS 的宽松和严格的避头尾集，宽松的避头尾设置忽略长元音字符。选择 "JIS 宽松" 或 "JIS 严格" 选项时，可以防止在一行的开头或结尾出现不能使用的字母。

➢ 【标点挤压】下拉按钮：间距组合时日语字符、罗马字符、标点和特殊字符在行开头。行结尾和数字的间距指定日语文本编排。选择 "间距组合 1" 选项，可以对标点使用半角间距；选择 "间距组合 2" 选项，可以对行中除最后一个字符外的大多数字符使用全角间距；"间距组合 3" 选项，可以对行中的大多数字符和最后一个字符使用全角间距；"间距组合 4" 选项，可以对所有字符使用全角间距。

➢ 【连字】复选框：勾选该复选框，在输入英文单词时，如果段落文本框的宽度不够，英文单词将自动换行，并在单词之间用连字符连接起来。

6.1.4 实战——制作变形文字海报

本案例将制作变形文字海报，涉及的知识点有打开素材，使用横排文字工具创建文字，创建文字变形，为文字添加描边和阴影效果，置入、嵌入对象等。

<< 扫码获取配套视频课程，本节视频课程播放时长约为 2 分 13 秒。

配套素材路径：配套素材\第6章\素材文件\6.1.4
素材文件名称：背景.jpg、奶茶.png

操作步骤
Step by Step

第1步 打开"背景.jpg"素材，在工具箱中单击【横排文字工具】按钮 T.，在选项栏中设置字体和大小，设置【消除锯齿的方法】选项为"平滑"，设置 RGB 数值分别为 255、248、239，在图像上定位光标输入内容，然后单击【创建文字变形】按钮 工，如图 6-9 所示。

第2步 打开【变形文字】对话框，❶设置【样式】选项为"扇形"，❷选中【水平】单选按钮，❸设置【弯曲】选项参数，❹单击【确定】按钮，如图 6-10 所示。

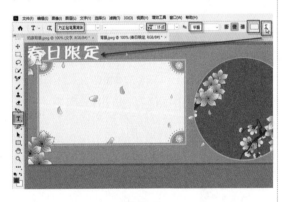

图 6-9

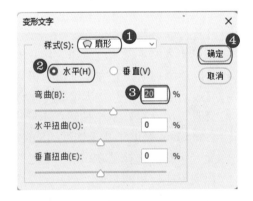

图 6-10

第3步 执行【图层】→【图层样式】→【描边】命令，打开【图层样式】对话框，设置【大小】和【位置】选项参数，设置颜色 RGB 数值分别为 140、16、53，如图 6-11 所示。

第4步 在【样式】列表中勾选【投影】复选框，设置【不透明度】【距离】【扩展】【大小】选项参数，单击【确定】按钮，如图 6-12 所示。

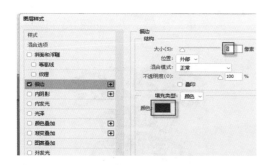

图 6-11

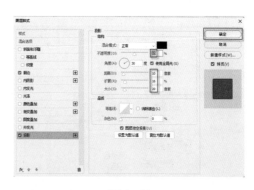

图 6-12

第 5 步 使用横排文字工具输入文字，设置字体、大小，单击【创建文字变形】按钮，如图 6-13 所示。

第 6 步 打开【变形文字】对话框，设置选项参数，单击【确定】按钮，如图 6-14 所示。

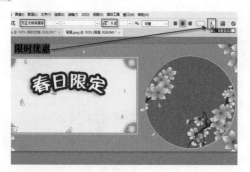

图 6-13

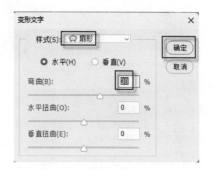

图 6-14

第 7 步 继续使用横排文字工具输入文字，单击【创建文字变形】按钮，打开【变形文字】对话框，设置选项参数，单击【确定】按钮，文字效果如图 6-15 所示。

第 8 步 右击"春日限定"图层，在弹出的快捷菜单中选择【拷贝图层样式】菜单项，如图 6-16 所示。

图 6-15

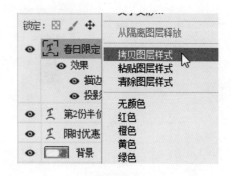

图 6-16

第9步 右击"第2份半价"图层，在弹出的快捷菜单中选择【粘贴图层样式】菜单项，如图6-17所示。

图 6-17

第11步 在【图层】面板中新建一个名为"文字"的组，将所有文字图层移入组中，如图6-19所示。

图 6-19

第13步 在【样式】列表中勾选【投影】复选框，设置【距离】【扩展】【大小】选项参数，单击【确定】按钮，如图6-21所示。

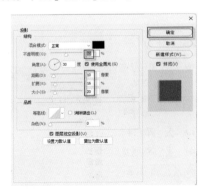

图 6-21

第10步 使用相同的方法将图层样式粘贴给"限时优惠"图层，效果如图6-18所示。

图 6-18

第12步 选中整个组，执行【图层】→【图层样式】→【描边】命令，打开【图层样式】对话框，设置选项参数，设置颜色RGB数值分别为245、206、111，如图6-20所示。

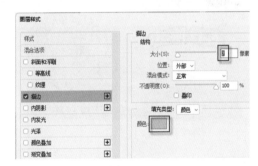

图 6-20

第14步 得到的效果如图6-22所示。

图 6-22

第15步　将"奶茶"素材置入图像中，调整大小和摆放位置，按Enter键完成置入，执行【图层】→【栅格化】→【智能对象】命令，最终效果如图6-23所示。

图6-23

6.2　使用图层样式制作文字特效

图层样式也叫图层效果，它可以为图层中的图像添加诸如投影、发光、浮雕和描边等效果，创建具有真实质感的水晶、玻璃、金属和纹理等特效。图层样式可以随时修改、隐藏或删除，具有非常强的灵活性。

6.2.1　认识图层样式

如果要为图层添加图层样式，可以先选中这一图层，然后执行【图层】→【图层样式】命令，在子菜单中选择一个效果命令，如图6-24所示；打开【图层样式】对话框并进入到相应效果的设置面板，如图6-25所示。

对同一个图层可以添加多个图层样式，在左侧图层列表中单击多个图层样式的名称，即可启用该图层。有的图层样式名称后方带有一个⊞，表明该样式可以被多次添加。图层样式也会按照上下堆叠的顺序显示，上方的样式会遮挡下方的样式。

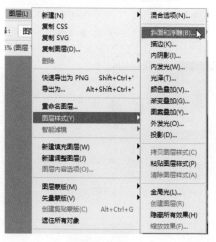

图6-24　　　　　　　　　　　　　　　　图6-25

1. 编辑已添加的图层样式

为图层添加了图层样式后，在【图层】面板中双击该样式的名称，即可打开【图层样式】对话框，进行参数修改操作，如图 6-26 和图 6-27 所示。

图 6-26

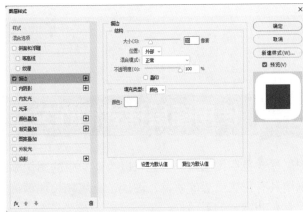

图 6-27

2. 拷贝和粘贴图层样式

在【图层】面板中右击图层样式名称，在弹出的快捷菜单中选择【拷贝图层样式】菜单项，右击目标图层，在弹出的快捷菜单中选择【粘贴图层样式】菜单项，即可将图层样式赋值给其他图层，如图 6-28 ～图 6-30 所示。

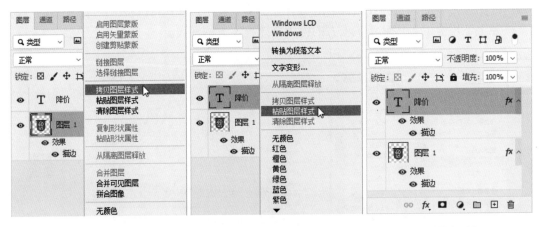

图 6-28   图 6-29   图 6-30

3. 隐藏图层样式

在【图层】面板中，效果前的眼睛图标 ◉ 用来控制效果的可见性。如果要隐藏一个效果，可单击该效果名称前的眼睛图标 ，再次单击眼睛图标 👁 即可显示样式效果，如图 6-31 和图 6-32 所示。

图 6-31

图 6-32

📝 知识拓展

在【图层】面板中单击【添加图层样式】按钮 **fx.**，在弹出的菜单中选择一个效果命令，可以打开【图层样式】对话框，并进入相应效果的设置面板；或者双击需要添加效果的图层，也可以打开【图层样式】对话框。

6.2.2 实战——制作网店公告

本案例将制作网店公告，涉及的知识点有使用横排文字工具创建文字，更改部分文字颜色，栅格化文字，为文字图层添加蒙版，为文字添加"铜板雕刻"滤镜等。

<< 扫码获取配套视频课程，本节视频课程播放时长约为 1 分 16 秒。

📁 配套素材路径：配套素材\第6章\素材文件\6.2.2
素材文件名称：1.jpg

 操作步骤

Step by Step

第1步 打开"1.jpg"素材，在工具箱中单击【横排文字工具】按钮 **T.**，在选项栏中设置字体和大小，设置颜色为白色，在图像上定位光标输入内容；如图 6-33 所示。

第2步 更改部分文字的颜色，设置"全场"文字颜色 RGB 数值分别为 254、177、203，设置"减"文字颜色 RGB 数值分别为 169、243、169，效果如图 6-34 所示。

图 6-33

图 6-34

第 3 步 右击文字图层，在弹出的快捷菜单中选择【栅格化文字】菜单项，如图 6-35 所示。

第 4 步 在【图层】面板中单击【添加图层蒙版】按钮，为文字图层添加蒙版，如图 6-36 所示。

图 6-35

图 6-36

第 5 步 选中蒙版，执行【滤镜】→【像素化】→【铜版雕刻】命令，打开【铜版雕刻】对话框，设置【类型】选项为"中长描边"，单击【确定】按钮，如图 6-37 所示。

第 6 步 继续执行【滤镜】→【像素化】→【铜版雕刻】命令，打开【铜版雕刻】对话框，设置【类型】选项为"粗网点"，单击【确定】按钮，如图 6-38 所示。

图 6-37

图 6-38

第 7 步 查看文字效果如图 6-39 所示。

第 8 步 单击工具箱中的【画笔工具】按钮，设置前景色为黑色，背景色为白色，在【画笔设置】面板中选择一种画笔样式，设置大小，如图 6-40 所示。

图 6-39

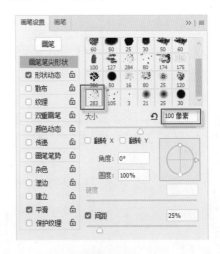

图 6-40

第 9 步 在文字上单击涂抹使文字被遮盖，最终效果如图 6-41 所示。

图 6-41

6.2.3　实战——制作粉色调商品主图

本案例将制作粉色调商品主图，涉及的知识点有创建文档，创建渐变背景，使用横排文字工具输入文字，为文字添加投影效果，置入素材等。

<< 扫码获取配套视频课程，本节视频课程播放时长约为 1 分 55 秒。

配套素材路径：配套素材\第6章\素材文件\6.2.3
 素材文件名称：1.png、2.png

操作步骤   Step by Step

第1步 创建一个800×800的文档，在工具箱中单击【渐变工具】按钮，在选项栏中单击渐变色条，打开【渐变编辑器】面板，选择一个粉色渐变，单击【确定】按钮，如图6-42所示。

第2步 单击【径向渐变】按钮，单击画面中心并向右上角拖动，绘制渐变背景，如图6-43所示。

图6-42

图6-43

第3步 使用横排文字工具输入文字，设置字体和大小，设置颜色为白色，如图6-44所示。

第4步 执行【图层】→【图层样式】→【投影】命令，打开【图层样式】对话框，设置选项参数，设置颜色RGB数值分别为250、146、180，单击【确定】按钮，如图6-45所示。

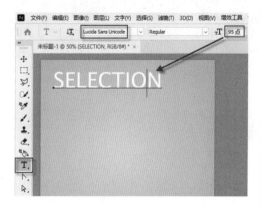

图6-44

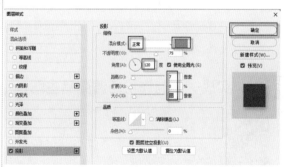

图6-45

第 5 步　将 "1.png" 素材置入文档中，如图 6-46 所示。

图 6-46

第 6 步　将 "2.png" 素材置入文档中，分别栅格化 "1.png" 和 "2.png" 图层，如图 6-47 所示。

图 6-47

第 7 步　使用矩形选框工具绘制一个深粉色矩形，如图 6-48 所示。

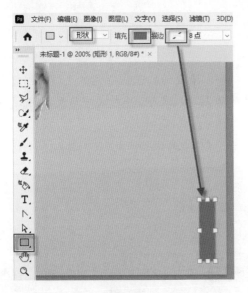

图 6-48

第 8 步　使用横排文字工具输入文字，设置字体和大小，并将其旋转 -90°，如图 6-49 所示。

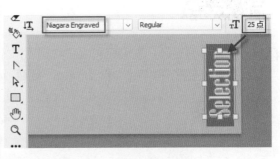

图 6-49

第 9 步　继续使用横排文字工具输入文字，设置字体和大小，设置颜色为深灰色，如图 6-50 所示。

第10步　最终效果如图 6-51 所示。

图 6-50

图 6-51

6.3 实战案例与应用

经过前面的学习，相信大家对使用 Photoshop 绘制文字的知识都已经有了一定的了解，接下来通过实战案例与应用巩固所学知识。

6.3.1 制作运动风通栏广告

 本案例将制作运动风通栏广告，涉及的知识点有创建文档，创建渐变背景，置入素材，使用横排文字工具输入文字，调整文字角度，添加"曲线"调整图层等。

<< 扫码获取配套视频课程，本节视频课程播放时长约为 2 分 19 秒。

配套素材路径：配套素材\第6章\素材文件\6.3.1
素材文件名称：1.png、2.png、灯泡.png、奖杯.png

 操作步骤   Step by Step

第1步 创建一个 1100×450 的文档，在工具箱中单击【渐变工具】按钮，在选项栏中单击渐变色条，打开【渐变编辑器】面板，选择一个蓝色渐变，两个蓝色的 RGB 数值分别为 1、95、167 和 13、204、255，单击【确定】按钮，如图 6-52 所示。

第2步 单击【径向渐变】按钮，单击画面中心并向右上角拖动，绘制渐变背景，如图 6-53 所示。

图 6-52

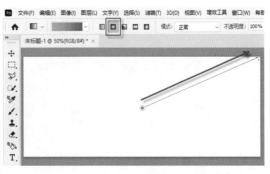

图 6-53

第 3 步 得到渐变填充背景效果如图 6-54
所示。

第 4 步 将 "1.png" 素材置入文档中，如
图 6-55 所示。

图 6-54

图 6-55

第 5 步 使用横排文字工具输入文字，设
置字体和大小，设置颜色为白色，如图 6-56
所示。

第 6 步 完成输入后按 Ctrl+T 组合键对文
字进行旋转操作，如图 6-57 所示。

图 6-56

图 6-57

第7步 继续使用横排文字工具输入其他字母并调整摆放角度，效果如图 6-58 所示。

图 6-58

第8步 继续使用横排文字工具输入文字，设置字体和大小，设置颜色为白色，如图 6-59 所示。

图 6-59

第9步 置入"奖杯 .png"素材，调整大小和摆放位置，如图 6-60 所示。

图 6-60

第10步 置入"灯泡 .png"素材，调整大小和摆放位置，如图 6-61 所示。

图 6-61

第11步 置入"2.png"素材，调整大小和摆放位置，如图 6-62 所示。

第12步 执行【图层】→【新建调整图层】→【曲线】命令，在【属性】面板中调整曲线，如图 6-63 所示。

图 6-62

图 6-63

第13步 继续使用横排文字工具输入文字，设置字体和大小，设置颜色为黑色，最终如图 6-64 所示。

图 6-64

6.3.2 制作奶牛斑点字海报

本案例将制作奶牛斑点字海报，涉及的知识点有打开素材，创建通道，使用横排文字工具输入文字，复制通道，添加"塑料包装"滤镜，载入选区，创建图层，填充颜色等。

<< 扫码获取配套视频课程，本节视频课程播放时长约为 2 分 25 秒。

配套素材路径：配套素材\第6章\素材文件\6.3.2
素材文件名称：01.psd

操作步骤　　　　　　　　　　　　　　　　　　　　　　　Step by Step

第1步 打开"01.psd"素材，在【通道】面板中单击【创建新通道】按钮⊞，创建一个名为"Alpha 1"的通道，如图 6-65 所示。

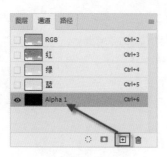

图 6-65

第2步 使用横排文字工具输入文字，设置字体、大小，设置文字颜色为白色，如图 6-66 所示。

图 6-66

第3步 按 Ctrl+D 组合键取消选区，将 "Alpha 1" 通道拖曳至面板底部的【创建新通道】按钮上 🔳，复制一个 "Alpha 1 拷贝" 通道，如图 6-67 所示。

图 6-67

第5步 执行【滤镜】→【艺术效果】→【塑料包装】命令，弹出【塑料包装】效果窗口，设置参数，如图 6-69 所示。

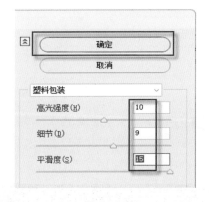

图 6-69

第7步 在【图层】面板中单击【创建新图层】按钮，新建名为 "图层 1" 的图层，在选区内填充白色，按 Ctrl+D 组合键取消选择，如图 6-71 所示。

第4步 按 Ctrl+K 组合键，打开【首选项】对话框，❶选择【增效工具】选项，❷勾选【显示滤镜库的所有组和名称】复选框，❸单击【确定】按钮，如图 6-68 所示。

图 6-68

第6步 按住 Ctrl 键单击 "Alpha 1 拷贝" 通道，载入该通道中的选区，按 Ctrl+2 组合键返回 RGB 复合通道，显示彩色图像如图 6-70 所示。

图 6-70

第8步 按住 Ctrl 键单击 "Alpha 1" 通道，载入该通道中的选区，执行【选择】→【修改】→【扩展】命令，弹出【扩展选区】对话框，设置参数，单击【确定】按钮，如图6-72所示。

图 6-71

图 6-72

第9步 单击【图层】面板底部的【添加图层蒙版】按钮 ，基于选区创建蒙版，如图 6-73 所示。

第10步 双击文字图层，打开【图层样式】对话框，❶在左侧选择【投影】选项，❷设置参数，如图 6-74 所示。

图 6-73

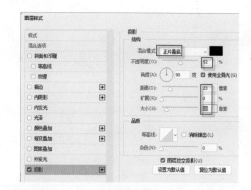

图 6-74

第11步 在左侧列表中勾选【斜面和浮雕】复选框，设置参数，单击【确定】按钮，如图 6-75 所示。

第12步 单击【图层】面板底部的【创建新图层】按钮，新建一个"图层2"图层，将前景色设置为黑色，使用椭圆工具在画面中绘制圆形，如图 6-76 所示。

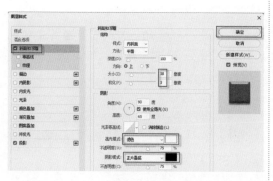

图 6-75

图 6-76

第13步 执行【滤镜】→【扭曲】→【波浪】命令，弹出【波浪】对话框，设置参数，单击【确定】按钮，如图 6-77 所示。

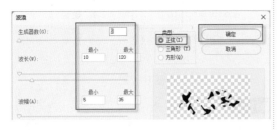

图 6-77

第14步 按 Ctrl+Alt+G 组合键，创建剪贴蒙版，将花纹的显示范围限定在下面的文字区域内，如图 6-78 所示。

图 6-78

第15步 显示"热气球"图层，完成制作奶牛斑点字的操作，如图 6-79 所示。

图 6-79

6.4 思考与练习

一、填空题

1. ＿＿＿＿由基于矢量的文字轮廓组成。

2. 点文字是一个水平或垂直的文本行，每行文字都是＿＿＿＿的。行的长度随着文字的输入而不断增加，不会进行＿＿＿＿＿＿＿，需要手动按 Enter 键进行换行。

二、判断题

1. 段落文字是一个水平或垂直的文本行，每行文字都是独立的。 （ ）

2. 执行【窗口】→【字符】命令即可打开【字符】面板。 （ ）

三、思考题

1. 如何创建段落文字？

2. 如何打开【图层样式】对话框？

第 **7** 章
网页切片与输出

本章主要介绍网页切片和输出的知识，包括制作店面切片和输出网页切片。通过对本章内容的学习，读者可以掌握使用Photoshop进行网页切片和输出的方法，为深入学习新媒体电商美工设计与广告制作奠定基础。

扫码获取本章素材

7.1 制作店面切片

在制作网页时，通常要对页面进行分割，即制作切片。通过优化切片可以对分割的图像进行不同程度的压缩，以减少图像的下载时间。本节将介绍制作店面切片的相关知识。

7.1.1 认识切片与切片工具

在 Photoshop 中存在两种切片，分别是"用户切片"和"基于图层的切片"。"用户切片"是使用切片工具创建的切片；而"基于图层的切片"是通过图层创建的切片。创建新的切片时会生成附加的自动切片来占据图像的区域，自动切片可以填充图像中用户切片或基于图层的切片未定义的空间。每一次添加或编辑切片时，都会重新生成自动切片。"用户切片"和"基于图层切片"由实线定义，而自动切片则由虚线定义。

7.1.2 制作切片的基本操作

制作切片的方式非常简单，与绘制选区的方式类似。绘制出的范围会成为"用户切片"，而 范围以外也会被自动切分，成为"自动切片"。下面介绍使用切片工具的操作方法。

操作步骤   Step by Step

第 1 步 在工具箱中单击【切片工具】按钮 ，在选项栏中设置【样式】选项为"正常"，在图像中按住鼠标左键并拖动，绘制出一个矩形框，如图 7-1 所示。

第 2 步 释放鼠标后即可创建一个用户切片，而用户切片以外的部分将生成自动切片，如图 7-2 所示。

图 7-1

图 7-2

第3步 在工具箱中单击【切片选择工具】按钮 ✎ ，在图像切片上单击即可选中切片，如图7-3所示在"切片12"上单击，切片被选中，外边缘呈棕色。

第4步 如果要移动切片，可以使用切片选择工具选择切片，然后单击并拖动所选切片即可，如图7-4所示。

图7-3

图7-4

第5步 如果要调整切片大小，可以单击并拖动切片边框进行调整，如图7-5所示。

第6步 选择切片后，右击切片，在弹出的快捷菜单中选择【删除切片】菜单项即可删除切片，如图7-6所示。

图7-5

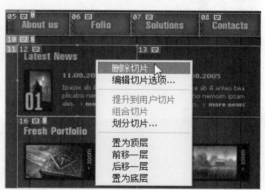

图7-6

第7步 执行【视图】→【清除切片】命令，可以删除所有的用户切片和基于图层的切片，如图7-7所示。

第8步 执行【视图】→【锁定切片】命令，可以锁定所有用户切片和基于图层的切片，如图7-8所示。切片锁定后，将无法对切片进行移动、缩放或其他更改，再次执行【视图】→【锁定切片】命令即可取消锁定。

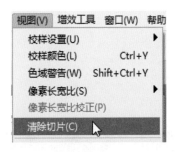

图 7-7

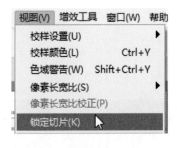

图 7-8

知识拓展

使用切片工具创建切片时，按住 Shift 键可以创建正方形切片。在移动切片时按 Shift 键可以在水平、垂直或 45° 方向上进行移动。除了右击切片选择【删除切片】菜单项删除外，还可以按 Delete 或 Backspace 键进行删除操作。

7.1.3 实战——基于参考线划分网页

本案例将介绍基于参考线划分网页的操作方法，涉及的知识点有打开素材，调出标尺，建立参考线，使用切片工具基于参考线创建切片，组合切片，导出文件等。

<< 扫码获取配套视频课程，本节视频课程播放时长约为 58 秒。

配套素材路径：配套素材\第7章\素材文件\7.1.3
素材文件名称：1.psd

操作步骤   Step by Step

第1步 打开 "1.psd" 素材，执行【视图】→【标尺】命令调出标尺，移动光标至标尺上按住鼠标左键向图片中拖动建立参考线，如图 7-9 所示。

第2步 单击工具箱中的【切片工具】按钮 ✎，在选项栏中单击【基于参考线的切片】按钮，此时将自动生成切片，如图 7-10 所示。

图 7-9

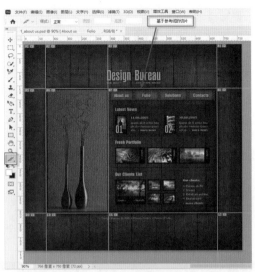

图 7-10

第3步 使用切片选择工具按住 Shift 键在画面中加选左侧的切片，右击选中的切片，选择【组合切片】菜单项，如图 7-11 所示。

第4步 执行【文件】→【导出】→【存储为 Web 所用格式（旧版）】命令，打开【存储为 Web 所用格式】对话框，❶设置【优化格式】选项为 "GIF"，❷单击【存储】按钮，如图 7-12 所示。

图 7-11

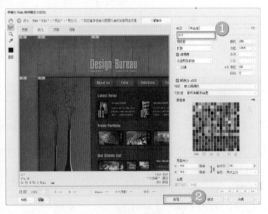

图 7-12

第5步 打开【将优化结果存储为】对话框，❶设置保存位置，❷在【文件名】文本框输入名称，❸单击【保存】按钮，如图 7-13 所示。

图 7-13

7.2 输出网页切片

创建切片后对图像进行优化可以减小图像的大小，而较小的图像可以使 Web 服务器更高效地存储、传输和下载。本节将介绍输出网页切片的相关知识。

7.2.1 预设输出网页

对已经切片完成的执行【文件】→【导出】→【存储为 Web 所用格式（旧版）】命令，打开【存储为 Web 所用格式】对话框，如图 7-14 所示，单击【预设】下拉按钮，在下拉列表中可以选择内置的输出预设，然后单击底部的【存储】按钮，打开【将优化结果存储为】对话框，选择存储位置，单击【保存】按钮即可，如图 7-15 所示。

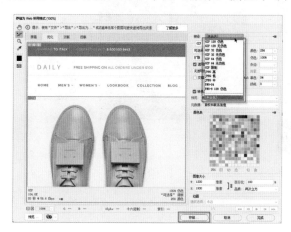

图 7-14

图 7-15

7.2.2　选择存储格式

不同格式的图像文件其大小也不同，合理选择优化格式，可以有效地控制图像的质量。可供选择的 Web 图像的优化格式包括 GIF 格式、JPEG 格式、PNG-8 格式、PNG-24 格式和 WBMP 格式。下面来了解一下各种格式的输出设置。

1. 优化为 GIF 格式

GIF 格式是输出图像到网页最常用的格式。GIF 格式采用 LZW 压缩，它支持透明背景和动画，被广泛应用在网络中。GIF 文件支持 8 位颜色，因此它可以显示多达 256 种颜色，如图 7-16 所示为 GIF 格式的设置选项。

2. 优化为 JPEG 格式

JPEG 格式是一个比较成熟的图像有损压缩格式，也是当今最为常见的图像存储格式之一。虽然一个图片经过压缩转化为 JPEG 图像后会丢失部分数据，但人眼几乎无法分辨出差别。所以，JPEG 图像存储格式既保证了图像质量，又能够实现图像大小的压缩，如图 7-17 所示为 JPEG 格式的设置选项。

图 7-16　　　　　　　　　　　　　　　　　图 7-17

3. 优化为 PNG-8 格式

PNG 格式是一种专门为 Web 开发的、用于将图像压缩到 Web 上的文件格式。与 GIF 格式不同的是，PNG 格式支持 244 位图像并产生无锯齿状的透明背景，如图 7-18 所示为 PNG-8 格式的设置选项。

4. 优化为 PNG-24 格式

PNG-24 格式可以在图像中保留多达 256 个透明度级别，适合压缩连续色调图像，但它所产生的文件比 JPEG 格式生成的文件要大得多，如图 7-19 所示为 PNG-24 格式的设置选项。

图 7-18

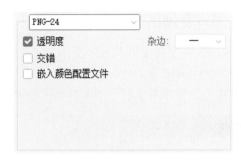

图 7-19

5. 优化为 WBMP 格式

WBMP 格式是一款用于优化移动设备图像的标准格式，WBMP 格式只支持 1 位颜色，所以 WBMP 图像只包含黑色和白色像素。其中包括多种仿色设置，单击下拉列表即可选择，其设置选项如图 7-20 所示。

图 7-20

7.3 | 实战案例与应用

经过前面的学习，相信大家对使用 Photoshop 进行网页切片与输出的知识都已经有了一定的了解，接下来通过实战案例与应用巩固所学知识。

7.3.1 使用切片工具进行网页切片

本案例将介绍使用切片工具进行网页切片的操作方法，涉及的知识点有打开素材，使用切片工具创建切片，导出图像，设置图像导出格式，存储图像等。

<< 扫码获取配套视频课程，本节视频课程播放时长约为 56 秒。

配套素材路径：配套素材\第7章\素材文件\7.3.1

素材文件名称：1.psd

操作步骤

第1步 打开"1.psd"素材，如图7-21所示。

图7-21

第2步 使用切片工具绘制标题栏部分的切片，如图7-22所示。

图7-22

第3步 使用相同的方法依次绘制其他切片，效果如图7-23所示。

图7-23

第4步 ❶单击【文件】菜单，❷选择【导出】菜单项，❸选择【存储为Web所用格式(旧版)】子菜单项，如图7-24所示。

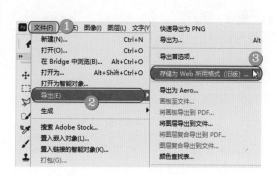

图7-24

第5步 打开【存储为 Web 所用格式】对话框，❶设置【优化格式】选项，❷单击【存储】按钮，如图 7-25 所示。

第6步 打开【将优化结果存储为】对话框，❶设置保存位置，❷在【文件名】文本框输入名称，❷单击【保存】按钮即可完成操作，如图 7-26 所示。

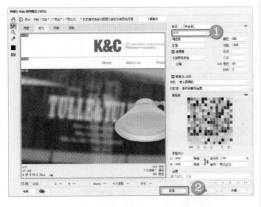

图 7-25

图 7-26

7.3.2 基于参考线划分网页并导出图像

 本案例将介绍基于参考线划分网页并导出图像的操作方法，涉及的知识点有打开素材，使用切片工具创建切片，导出图像，设置图像导出格式，存储图像等。

《《扫码获取配套视频课程，本节视频课程播放时长约为 1 分 02 秒。

配套素材路径：配套素材\第7章\素材文件\7.3.2
素材文件名称：1.jpg

操作步骤 Step by Step

第1步 打开 "1.jpg" 素材，在图片中建立参考线，使用切片工具，在选项栏中单击【基于参考线的切片】按钮，如图 7-27 所示。

第2步 此时将自动生成切片，使用切片选择工具按住 Shift 键在画面中加选切片，单击选中的切片，选择【组合切片】菜单项，如图 7-28 所示。

图 7-27

图 7-28

第 3 步　打开【存储为 Web 所用格式】对话框，❶设置【优化格式】选项，❷单击【存储】按钮，如图 7-29 所示。

第 4 步　打开【将优化结果存储为】对话框，❶设置保存位置，❷在【文件名】文本框输入名称，❷单击【保存】按钮即可完成操作，如图 7-30 所示。

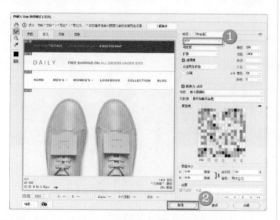

图 7-29

图 7-30

7.4　思考与练习

一、填空题

1. 在 Photoshop 中存在两种切片，分别是_____和"基于图层的切片"。

2. 按 Delete 或_____键进行删除切片的操作。

二、判断题

1. 使用切片工具绘制出的范围会成为"用户切片"，而范围以外也会被自动切分，成为"自动切片"。 （   ）

2. 执行【视图】→【锁定切片】命令可以删除所有的用户切片。 （   ）

三、思考题

1. 如何组合切片？

2. 如何基于参考线划分网页？

第 8 章

信息平台界面制作

在互联网时代，人们查找与浏览信息更倾向于选择各种信息类新媒体平台，如微信、微博和今日头条等。企业可针对用户浏览信息的特点，在这些平台中设计并发布广告信息，以达到宣传和促销的目的。本章将介绍信息类平台界面制作案例。

扫码获取本章素材

8.1 微信小程序界面设计

微信小程序是一种不需要下载安装即可使用的应用程序，用户只需"扫一扫"或"搜一搜"即可打开应用。微信小程序的界面设计是指对微信小程序中存在的界面进行布局和设计，使其具有美观度和吸引力。各类手机组件集合在一起，丰富并增强了小程序的互动性。本节将以旅游类小程序为例，介绍微信小程序界面设计的具体方法。

8.1.1 制作矩形搜索框

 本节将制作小程序界面的顶部，涉及的知识点有新建文档，置入、嵌入对象，栅格化图层，使用横排文字工具输入文本内容，使用矩形工具绘制形状等。

<< 扫码获取配套视频课程，本节视频课程播放时长约为 1 分 17 秒。

配套素材路径：配套素材\第8章\素材文件\8.1
素材文件名称：按钮.psd、导航栏.jpg、风景.jpg、功能菜单.jpg、灰条.png、搜索.png、状态栏.jpg

操作步骤   Step by Step

第1步 新建一个 1080×1920、分辨率为 300 像素/英寸的文档，将"状态栏.jpg"素材置入文档中，摆放在顶部，栅格化置入的图层，如图 8-1 所示。

第2步 使用横排文字工具输入文本内容，在【字符】面板中设置字符参数，设置文本颜色 RGB 数值分别为 233、233、233，将文字摆放在合适的位置，如图 8-2 所示。

图 8-1

图 8-2

第3步 使用矩形工具绘制形状，设置填充颜色为白色，如图8-3所示。

图 8-3

第4步 复制矩形，调整复制出的矩形大小并摆放在合适的位置，如图8-4所示。

图 8-4

第5步 使用横排文字工具输入文本内容，在【字符】面板中设置字符参数，设置文本颜色 RGB 数值分别为 0、159、240，将"按钮 .psd"素材置入文档中，摆放在文字旁边，如图8-5所示。

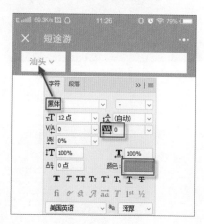

图 8-5

第6步 置入"搜索 .png"素材，使用横排文字工具输入文本内容，在【字符】面板中设置字符参数，设置文本颜色 RGB 数值分别为 160、160、160，如图8-6所示。

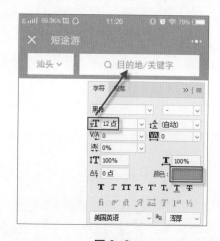

图 8-6

8.1.2 制作功能菜单与首页广告

本节将制作功能菜单与首页广告，涉及的知识点有置入嵌入对象，使用横排文字工具输入文本内容，栅格化图层，为图层添加"自然饱和度""曲线""可选颜色"等。

<< 扫码获取配套视频课程，本节视频课程播放时长约为 1 分 27 秒。

 配套素材路径：配套素材\第8章\素材文件\8.1
素材文件名称：按钮.psd、导航栏.jpg、风景.jpg、功能菜单.jpg、灰条.png、搜索.png、状态栏.jpg

操作步骤   Step by Step

第 1 步 将"功能菜单.jpg"素材置入文档中，摆放在中间位置，如图 8-7 所示。

第 2 步 将"灰条.png"素材置入文档中，摆放在合适位置，如图 8-8 所示。

图 8-7

图 8-8

第 3 步 使用横排文字工具输入文本内容，在【字符】面板中设置字符参数，设置文本颜色为黑色，如图 8-9 所示。

第 4 步 置入"风景.jpg"素材，栅格化素材，如图 8-10 所示。

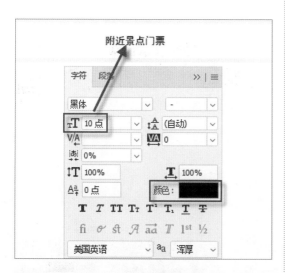

图 8-9

图 8-10

第 5 步 选中"风景"图层，执行【图像】→【调整】→【自然饱和度】命令，打开【自然饱和度】对话框，设置参数，单击【确定】按钮，如图 8-11 所示。

第 6 步 执行【图像】→【调整】→【曲线】命令，打开【曲线】对话框，设置参数，单击【确定】按钮，如图 8-12 所示。

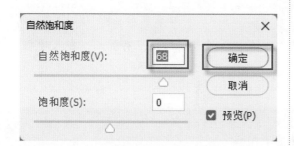

图 8-11

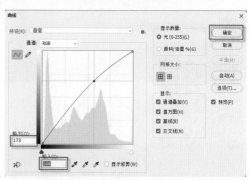

图 8-12

第 7 步 执行【图像】→【调整】→【可选颜色】命令，打开【可选颜色】对话框，设置参数，单击【确定】按钮，如图 8-13 所示。

第 8 步 使用横排文字工具输入文本内容，在【字符】面板中设置字符参数，设置文本颜色为黑色，如图 8-14 所示。

图 8-13

图 8-14

图 8-15

第 9 步 使用横排文字工具输入文本内容，在【字符】面板中设置字符参数，设置文本颜色为黑色，如图 8-15 所示。

8.1.3 制作导航栏

本节将制作界面底部的导航栏，涉及的知识点有置入、嵌入对象，栅格化图层，保存文件等。

<< 扫码获取配套视频课程，本节视频课程播放时长约为 15 秒。

配套素材路径：配套素材\第8章\素材文件\8.1

素材文件名称：按钮.psd、导航栏.jpg、风景.jpg、功能菜单.jpg、灰条.png、搜索.png、状态栏.jpg

操作步骤   Step by Step

第 1 步 将"导航栏.jpg"素材置入文档中，栅格化图层，如图 8-16 所示。

第 2 步 通过以上步骤即可完成制作微信旅游小程序界面的操作，如图 8-17 所示。

图 8-16

图 8-17

8.2 微博主图设计

新浪微博是由新浪推出、提供微型博客服务类的社交网站。用户可以将看到的、听到的、想到的事情写成一句话，或发一张图片，通过计算机或者手机随时随地地分享给朋友；还可以关注朋友，即时看到朋友们发布的信息。新浪微博已成为热门的社交平台。

8.2.1 制作平板电脑主图

本节将制作平板电脑主图，涉及的知识点有创建文档，打开素材，创建选区，为选区填充颜色，复制背景图层，删除选区内容，使用横排文字工具输入内容等。

＜＜扫码获取配套视频课程，本节视频课程播放时长约为 1 分 05 秒。

配套素材路径：配套素材\第8章\素材文件\8.2
素材文件名称：平板电脑.jpg、微博界面.jpg

第 1 步 新建一个 450×600、分辨率为 300 像素 / 英寸的文档，新建"图层 1"图层，设置前景色为 RGB 数值分别为 204、228、228，按 Alt+Delete 组合键为"图层 1"填充前景色，如图 8-18 所示。

图 8-18

第 3 步 按 Delete 键删除选区，按 Ctrl+D 组合键取消选区，使用移动工具将平板电脑拖入创建的文档中，调整大小和位置，如图 8-20 所示。

图 8-20

第 2 步 打开"平板电脑 .jpg"素材，使用魔棒工具在图像的白色背景上单击创建选区，如图 8-19 所示。

图 8-19

第 4 步 使用横排文字工具输入文字，设置字体为"黑体"，大小为 13 点，字符间距为 75，颜色为黑色，如图 8-21 所示。

图 8-21

第5步 继续使用横排文字工具输入文字，设置字体为"方正细黑一简体"，大小为9点，字符间距为10，颜色为黑色，如图8-22所示。

第6步 继续使用横排文字工具输入文字，设置字体为"方正细黑一简体"，大小为4点，字符间距为10，颜色为黑色，如图8-23所示。

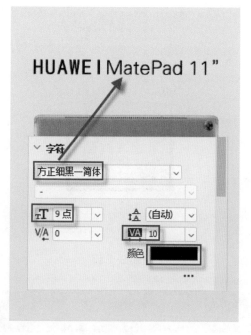

图 8-22

图 8-23

8.2.2 制作微博主图界面效果

本节将制作微博主图界面效果，涉及的知识点有为图层编组，打开素材，将图像移至素材中，自由变换图像调整其大小和位置等。

<< 扫码获取配套视频课程，本节视频课程播放时长约为28秒。

配套素材路径：配套素材\第8章\素材文件\8.2
素材文件名称：平板电脑.jpg、微博界面.jpg

操作步骤

Step by Step

第1步 选中除"背景"图层外的所有图层，按Ctrl+G组合键，为图层编组，得到"组1"，如图8-24所示。

第2步 打开"微博界面.jpg"素材，将"组1"素材拖入"微博界面.jpg"素材中，调整素材的大小和位置，如图8-25所示。

图 8-24

图 8-25

8.3 今日头条广告制作

今日头条是为用户推荐信息、提供连接人与信息的服务平台，其界面一般包括广告、账号头像等内容。企业可根据平台的广告位置，制作与之对应的广告并进行发布，以吸引用户观看。下面介绍制作今日头条广告案例的方法。

8.3.1 制作广告背景

本节将制作广告背景部分，涉及的知识点有创建文档，新建图层，设置前景色，绘制路径，将路径转换为选区，填充选区，取消选区，设置图层样式，绘制正圆选区。

<< 扫码获取配套视频课程，本节视频课程播放时长约为 1 分 52 秒。

配套素材路径：配套素材\第8章\素材文件\8.3

素材文件名称：零食礼包.png、绿叶1.jpg、绿叶2.jpg、印章.png、
今日头条界面.jpg

第 1 步 新建一个 4630×2080、分辨率为 72 像素 / 英寸的文档，新建图层，设置前景色为黑色，为"图层 1"填充前景色，如图 8-26 所示。

图 8-26

第 2 步 新建"图层 2"，设置前景色 RGB 数值分别为 222、22、2，使用钢笔工具绘制路径，如图 8-27 所示。

图 8-27

第 3 步 按 Ctrl+Enter 组合键将路径转换为选区，填充红色，取消选区，如图 8-28 所示。

图 8-28

第 4 步 新建"图层 3"，设置前景色 RGB 数值分别为 163、24、10，绘制路径，将其转换为选区，填充选区，取消选区，效果如图 8-29 所示。

图 8-29

第 5 步 双击"图层 3"图层，打开【图层样式】对话框，勾选【内阴影】复选框，设置参数，设置颜色 RGB 数值分别为 223、145、83，如图 8-30 所示。

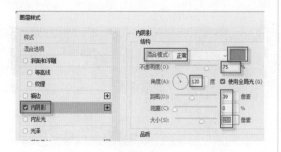

图 8-30

第 6 步 勾选【颜色叠加】复选框，设置参数，设置颜色 RGB 数值分别为 252、80、12，单击【确定】按钮，如图 8-31 所示。

图 8-31

第 7 步 新建"图层 4"，设置前景色 RGB 数值分别为 223、145、83，使用钢笔工具绘制路径，将其转换为选区，填充前景色，取消选区，效果如图 8-32 所示。

第 8 步 选中"图层 1"，使用椭圆选框工具绘制 3 个不同大小的正圆，并填充与"图层 2"～"图层 4"相同的颜色，效果如图 8-33 所示。

图 8-32

图 8-33

8.3.2 制作今日头条界面效果

 本节将制作今日头条界面效果，涉及的知识点有置入、嵌入对象，栅格化图层，设置图层样式，输入文字，栅格化文字图层，组合图层，绘制圆角矩形等。

《《 扫码获取配套视频课程，本节视频课程播放时长约为 2 分 18 秒。

配套素材路径：配套素材\第8章\素材文件\8.3
素材文件名称：零食礼包.png、绿叶1.jpg、绿叶2.jpg、印章.png、
今日头条界面.jpg

 操作步骤   Step by Step

第 1 步 将"零食礼包 .png"素材置入文档中，调整大小和摆放位置，栅格化图层，效果如图 8-34 所示。

第 2 步 将"绿叶 1.jpg"素材置入文档中，调整大小和摆放位置，栅格化图层，效果如图 8-35 所示。

图 8-34

图 8-35

第3步 将"绿叶2.jpg"素材置入到文档中，调整大小和摆放位置，栅格化图层，效果如图8-36所示。

第4步 双击"零食礼包.png"图层，打开【图层样式】对话框，勾选【投影】复选框，设置参数，单击【确定】按钮，如图8-37所示。

图 8-36

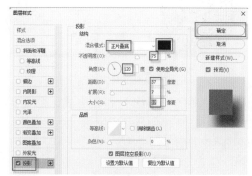

图 8-37

第5步 使用横排文字工具输入"零""食""大""礼""包"，设置字体为"方正平和简体"，设置字体颜色RGB数值分别为223、145、83，调整文字大小和位置，选中所有文字图层，进行栅格化，然后按Ctrl+E组合键组合图层，效果如图8-38所示。

第6步 使用直排文字工具输入"低至五折起"，设置颜色RGB数值分别为255、238、90，字体为"幼圆"，大小为125点，如图8-39所示。

图 8-38

图 8-39

第7步 使用圆角矩形工具绘制圆角矩形，在【属性】面板中设置圆角矩形的外观属性，效果如图8-40所示。

第8步 将"印章.png"素材置入文档中，调整大小和位置，效果如图8-41所示。

图 8-40

图 8-41

第9步 将广告导出为 JPG 格式，命名为"广告"，打开"今日头条界面 .jpg"素材，如图 8-42 所示。

第10步 将"广告"素材置入到"今日头条界面 .jpg"素材中，调整大小和位置，效果如图 8-43 所示。

图 8-42

图 8-43

第**9**章
音视频平台界面制作

随着网络信息量的海量增长，简单的文字表述已难以满足日新月异的新媒体平台需求，新的展示方式应运而生，音视频平台得以蓬勃发展。本章将对抖音和喜马拉雅界面的设计与制作进行案例介绍。

扫码获取本章素材

9.1 抖音顶部背景图片制作

抖音是一款可以拍摄短视频的音乐创意短视频社交软件，是很多自媒体创业人员的重要运营平台。抖音界面一般包括抖音账号头像和顶部背景图片等内容。本节将介绍制作音乐类账号顶部背景图片的方法。

9.1.1 制作背景

 本节将制作图片的背景部分，涉及的知识点有创建文档，填充前景色，置入素材，栅格化素材，设置图层混合模式，复制图层，使用椭圆选框工具绘制正圆，并填充颜色。

≪ 扫码获取配套视频课程，本节视频课程播放时长约为 59 秒。

 配套素材路径：配套素材\第9章\素材文件\9.1
素材文件名称：墨点.png、音符.png

操作步骤 Step by Step

第1步 创建一个 1125×633、分辨率为 72 像素 / 英寸的文档，设置前景色 RGB 数值分别为 122、5、254，填充前景色，如图 9-1 所示。

第2步 将"墨点 .png"素材置入文档中，栅格化图层，在【图层】面板中设置【混合模式】选项为"线性减淡"，调整大小和摆放位置，效果如图 9-2 所示。

图 9-1

图 9-2

第3步 置入"音符 .png"素材，栅格化图层，调整大小和位置，如图 9-3 所示。

第4步 将"音符"图层拖至【创建新图层】按钮上 2 次，复制图层使其更明显一些，如图 9-4 所示。

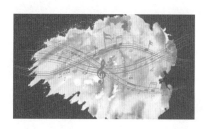

图9-3

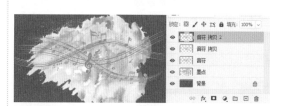

图9-4

第5步 使用椭圆选框工具绘制正圆，并填充黑色，如图9-5所示。

第6步 继续使用椭圆选框工具绘制正圆，并填充红色（设置RGB数值分别为122、1、4），如图9-6所示。

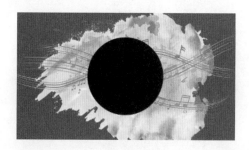

图9-5

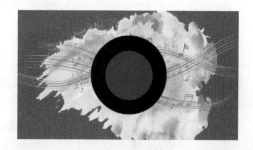

图9-6

第7步 继续使用椭圆选框工具绘制正圆，并填充白色，如图9-7所示。

图9-7

9.1.2 制作文字

本节将制作图片的文字部分，涉及的知识点有使用直排文字工具输入文字，设置文字参数，设置图层样式，打开【曲线】面板调整图像的对比度等。

＜＜扫码获取配套视频课程，本节视频课程播放时长约为37秒。

配套素材路径：配套素材\第9章\素材文件\9.1

素材文件名称：墨点.png、音符.png

操作步骤

第1步 使用横排文字工具输入"音乐"，在【字符】面板中设置参数，设置文字颜色为黑色，效果如图9-8所示。

第2步 双击文字图层，打开【图层样式】对话框，勾选【描边】复选框，设置参数，如图9-9所示。

图9-8

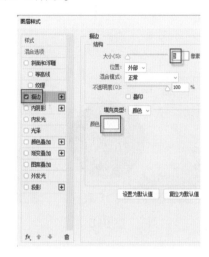

图9-9

第3步 勾选【投影】复选框，设置参数，单击【确定】按钮，如图9-10所示。

第4步 得到的效果如图9-11所示。

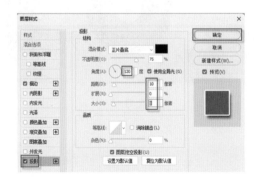

图9-10

图9-11

第5步 在【调整】面板中单击【曲线】按钮，打开【曲线】属性面板，在中间的调整线上单击，确定两点，向上拖动增加整个效果的对比度，如图9-12所示。

第6步 得到的效果如图9-13所示。

图 9-12

图 9-13

9.1.3　将图片设置为抖音背景

本节将完成设置图片为抖音背景,涉及的知识点有导出文档为 JPG 格式,设置图片保存位置,设置图片名称,设置图片为抖音背景等。

<< 扫码获取配套视频课程,本节视频课程播放时长约为 23 秒。

配套素材路径:配套素材\第9章\素材文件\9.1
素材文件名称:墨点.png、音符.png

操作步骤　　　　　　　　　　　　　　　　　　　　　　　Step by Step

第1步　将上一节的文档执行【文件】→【导出】→【导出为】命令,打开【导出为】对话框,设置【格式】选项为 JPG,单击【导出】按钮,如图 9-14 所示。

第2步　单击【另存为】对话框,设置保存位置,在【文件名】文本框中输入名称,单击【保存】按钮,如图 9-15 所示。

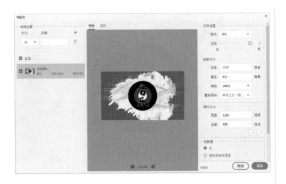

图 9-14

图 9-15

第 3 步 将图片设置为抖音账号的背景，效果如图 9-16 所示。

图 9-16

9.2 喜马拉雅焦点宣传图制作

喜马拉雅是在线移动音频分享平台，提供有声小说、新闻谈话、综艺节目、相声、评书、小品、音乐节目等的即时分享与传播互动，用户覆盖率较广。本节将介绍制作喜马拉雅焦点宣传图的案例。

9.2.1 制作背景

本节将制作焦点宣传图的背景部分，涉及的知识点有创建文档，打开素材，移动素材至文档，绘制矩形，绘制正圆等。

<< 扫码获取配套视频课程，本节视频课程播放时长约为 43 秒。

配套素材路径：配套素材\第9章\素材文件\9.2
素材文件名称：骑车.jpeg

操作步骤　　　　　　　　　　　　　　　　　　Step by Step

第1步　创建一个1182×552、分辨率为72像素/英寸的文档，如图9-17所示。

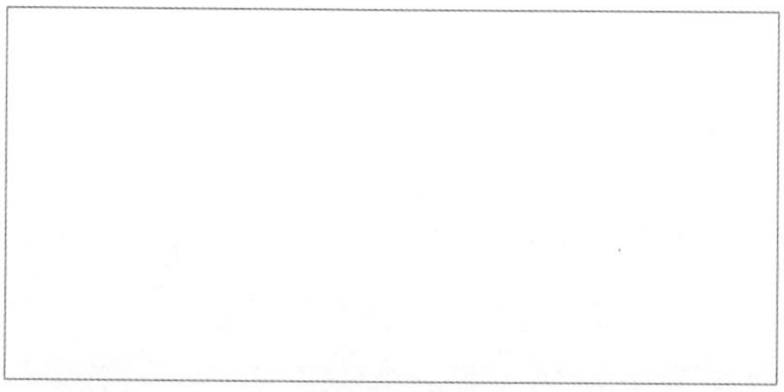

图9-17

第2步　打开"骑车.jpeg"素材，使用移动工具将其移至新建的文档中，调整位置和大小，如图9-18所示。

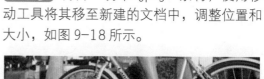

图9-18

第3步　新建图层，设置前景色为黑色，为新图层填充前景色，设置【不透明度】为20%，效果如图9-19所示。

图9-19

第4步　选择矩形工具，在选项栏中取消填充，设置描边为白色、3点，绘制的矩形如图9-20所示。

图9-20

第5步　选择椭圆工具，在选项栏中取消填充，设置描边为白色，3点，按住Shift键绘制正圆矩形，如图9-21所示。

图9-21

9.2.2 制作文字

本节将制作焦点宣传图的文字部分，涉及的知识点有创建文字图层，设置文字参数，绘制矩形，调整自然饱和度参数，创建图层蒙版，导出文档等。

<< 扫码获取配套视频课程，本节视频课程播放时长约为1分54秒。

配套素材路径：配套素材\第9章\素材文件\9.2

素材文件名称：骑车.jpeg

操作步骤   Step by Step

第1步 使用直排文字工具输入文字，在【字符】面板中设置字体为"方正大黑简体"，设置文字颜色为白色，效果如图9-22所示。

第2步 继续使用直排文字工具输入文字，在【字符】面板中设置字体为"方正大黑简体"，设置文字颜色为白色，效果如图9-23所示。

图9-22

图9-23

第3步 使用矩形工具，在选项栏中设置填充为黑色，取消描边，绘制矩形如图9-24所示。

第4步 在【调整】面板中单击【自然饱和度】按钮▽，打开【自然饱和度】属性面板，设置参数，如图9-25所示。

图9-24

图9-25

【第5步】 选中正圆所在图层，在【图层】面板中单击【添加图层蒙版】按钮◻，设置前景色为黑色，使用画笔工具对文字边缘的圆进行涂抹，隐藏该部分，效果如图9-26所示。

图9-26

【第6步】 将文档执行【文件】→【导出】→【导出为】命令，打开【导出为】对话框，设置【格式】选项为JPG，单击【导出】按钮，如图9-27所示。

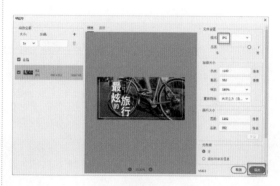

图9-27

第 **10** 章

H5 手机网页界面设计

H5是指第5代HTML，包括HTML、CSS和JavaScript在内的一套技术组合。它用于减少浏览器对所需插件的丰富性网络应用服务，并且提供更多能有效增强网络应用的标准集。本章将介绍有关HTML5的相关知识。

扫码获取本章素材

10.1 H5 的基础知识

随着新媒体的不断发展，商家和用户已不再满足于图片和文字的单向传播，而是追求双方的互动，因此各式各样的 H5 纷纷面世。本节将介绍 H5 的基础知识。

10.1.1 什么是 H5

H5 是 HTML5 的缩写，HTML5 是第 5 代 HTML（HTML 全称为 Hyper Text Markup Language，意为"超文本标记语言"）的简称。H5 能够独立完成视频、音频、画图的制作，并且具有极强的兼容性，能够适应 PC、Mac、iPhone 和 Android 等几乎所有的电子设备平台。

新媒体中的 H5 并不是指 HTML5 这种语言本身，而是指运用 HTML5 制作出的 H5 界面效果。使用 H5 制作的界面，不仅视觉效果上有了很大的提升，还拥有着传统界面所没有的强大优势，如可操作性强、互动性强，展现方式多样，表现形式丰富，视听效果好等。

10.1.2 H5 的类型和设计原则

经过几年的发展，H5 的潜力被逐渐发掘，其类型也不断推陈出新，目前常见的有活动运营型 H5、品牌宣传型 H5、商品推广型 H5、总结报告型 H5 四种类型。

1. 活动运营型 H5

活动运营型 H5 通过文字、图片和音乐等素材以互动的方式为用户营造活动场景，从而达到营销目的。活动运营型 H5 界面形式多样，如游戏、邀请函、贺卡、测试题等形式。如图 10-1、图 10-2 和图 10-3 所示为活动运营型 H5 界面。

2. 品牌宣传型 H5

品牌宣传型 H5 等同于品牌的小型官网，其主旨是进行品牌形象塑造，向用户传达品牌的内涵。在设计品牌宣传型 H5 时需要运用符合品牌形象的视觉语言，让用户对品牌留下深刻印象。如图 10-4、图 10-5 和图 10-6 所示为某化妆品品牌宣传型 H5。

3. 商品推广型 H5

商品推广型 H5 主要是对商品信息进行展现，包括商品的功能、作用、类型等。在设计商品推广型 H5 时，设计人员可在 H5 界面中运用交互手段展示商品特性，吸引用户购买。如图 10-7、图 10-8 和图 10-9 所示为商品推广型 H5。

4. 总结报告型 H5

总结报告型 H5 主要是对企业的商品、业绩、经验教训等进行总结。总结报告型 H5 界面就像是 PPT，本身不具备互动性，但是为了视觉上的美观性，设计人员在设计时也可以添加动态的切换展示效果，让整个界面看起来更具动感。如图 10-10 和图 10-11 所示为总结报告型 H5。

图 10-1　　　　　　　图 10-2　　　　　　　图 10-3

图 10-4　　　　　　　图 10-5　　　　　　　图 10-6

图 10-7

图 10-8

图 10-9

图 10-10

图 10-11

　　在进行 H5 界面设计前需要先掌握 H5 界面设计的五大原则，即一致性原则、简洁性原则、条理性原则、可视化原则和切身性原则。

　　➢　一致性原则：在进行 H5 界面设计时，要遵循一致性原则。界面的版式、文字字体、图片图形的颜色、风格、色调等要做到基本统一和协调；界面中的文案表述方法、动效风格设置需要保持一致；界面中的声效设置要与整个界面风格、文字基调保持一致。

➢ 简洁性原则：在进行 H5 界面设计时要遵循简洁性原则。因为在界面中如果展示大量内容会显得杂乱无章，降低用户继续浏览的兴趣。此时，设计人员可以先对内容进行精选，通过概括性的标题来吸引用户，然后利用动态效果循序渐进地对内容进行展示，以帮助用户理解内容。

➢ 条理性原则：在进行 H5 界面设计时要遵循条理性原则。在进行 H5 界面设计时，通常需要设计人员按照一定的顺序来进行展示，先介绍比较简单的内容，然后依次对复杂内容进行讲解，以免阻碍用户的信息获取或增加用户接收信息的难度，最好做到"一个界面只讲一件事"。因此，在进行设计前，设计人员需要先对内容做整体的梳理，分清主次关系，然后再进行设计。

➢ 可视化原则：在进行 H5 界面设计时要遵循可视化原则。可视化原则是指在界面中通过添加生动有趣的图像、图形、视频、动画等直观元素，将枯燥乏味的文字、数据信息等表达出来，便于用户接收。在互联网时代，如果设计人员无法使用户在短暂的碎片化时间内接收到 H5 界面所传达的核心思想和信息，那么该 H5 界面将无法达到理想的信息传递效果。

➢ 切身性原则：在进行 H5 界面设计时要遵循切身性原则。切身性指通过设计直击用户内心深处的"动情点"，从而达到传播信息的目的。这就需要设计人员从熟悉的生活和热点事件中寻找"突破点"，据此进行内容设计，以激发用户的共鸣。

10.1.3　H5 界面设计要点

一个 H5 界面的视觉效果出众与否，会直接影响其传播效果，甚至会影响用户对这个品牌或商品的认识。设计人员要想让 H5 界面的视觉效果更加突出，在设计时还需要掌握以下设计要点。

1. 创新创意

创新的内容更容易引起用户的好奇心，让用户能够主动去传播与分享。因此，创新创意是 H5 界面设计必不可少的要点。设计人员需要多角度地了解优秀 H5 作品的创意来源、文案构思及设计风格，吸收并运用其中的创意创新要点，日积月累，最后形成自己的独特风格。

2. 统一风格

一个优秀的 H5 界面除了需要创新创意，还需要统一风格，统一也是互联网视觉设计中的基本原则。统一风格是指 H5 界面中的各种元素的色彩、风格都要和谐自然，所有细节部分都应与整体视觉设计相符合。如果 H5 界面是怀旧复古风格，就不能使用过于现代化的字体和图；H5 界面是清新文艺风格，最好不要使用花哨的动画效果。统一风格的 H5 界面可以给用户带来更高品质的视觉体验。

3. 注重氛围

不同的氛围可以传达出不同的情感，在H5界面中营造某种氛围可以烘托出对应的情感，更好地传达H5作品的主题，将用户带入H5作品中，实现情感上的共鸣。因此，设计人员首先需要抓住用户的心理诉求，然后从作品的主题特色入手，结合交互手段和视听效果来营造作品氛围。

4. 强调真实的用户体验

强调真实的用户体验是指H5作品要让用户产生一种真实的体验，因此设计人员在设计时要以用户为核心，让用户参与到H5界面的交互活动中。

10.2 企业招聘 H5 页面设计

在制作企业招聘H5页面时，要先处理背景图片并适当的合成，再运用工具绘制出主题文字的外框，最后再输入招聘的具体信息，即可完成H5页面设计。

10.2.1 运用渐变合成背景

本节将制作渐变合成背景，涉及的知识点有创建文档，打开素材，设置"曲线"调整参数，设置"自然饱和度"调整参数，新建图层，使用画笔工具涂抹图层等。

<< 扫码获取配套视频课程，本节视频课程播放时长约为1分54秒。

配套素材路径：配套素材\第10章\素材文件\10.2
素材文件名称：夜景.jpg、标志.psd

操作步骤   Step by Step

第1步 创建一个1080×1920、分辨率为300像素/英寸的文档，打开"夜景.jpg"素材，如图10-12所示。

第2步 在【调整】面板中单击【曲线】按钮，打开【曲线】属性面板，在曲线上单击新建一个控制点，设置【输入】和【输出】选项数值，如图10-13所示。

图 10-12

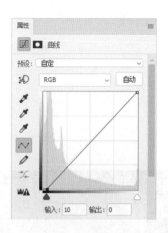

图 10-13

【第 3 步】 在右侧再次单击新建一个控制点，设置【输入】和【输出】选项数值，如图 10-14 所示。

【第 4 步】 在【调整】面板中单击【自然饱和度】按钮，打开【自然饱和度】属性面板，设置参数，如图 10-15 所示。

图 10-14

图 10-15

【第 5 步】 按 Ctrl+Shift+N 组合键，打开【新建图层】对话框，设置【模式】选项为"柔光"，勾选【填充柔光中性色（50% 灰）】复选框，单击【确定】按钮，如图 10-16 所示。

【第 6 步】 可以看到在【图层】面板中创建了一个"图层 1"，如图 10-17 所示。

图 10-16

图 10-17

第7步 使用画笔工具，在选项栏设置画笔大小为 50，硬度为 0，设置前景色 RGB 数值分别为 30、30、30，在图像的灯光部分适当涂抹，降低灯光的亮度，效果如图 10-18 所示。

第8步 按 Ctrl+Shift+Alt+E 组合键盖印可见图层，得到"图层 2"，将"图层 2"移至创建的文档中，调整图像位置，效果如图 10-19 所示。

图 10-18

图 10-19

第9步 在"背景"图层上方创建"图层 2"，设置前景色 RGB 数值分别为 53、78、211，设置背景色 RGB 数值分别为 2、2、18，使用渐变工具，在选项栏设置渐变样式为"前景色到背景色渐变"，从上到下拖曳填充渐变色，如图 10-20 所示。

第10步 使用橡皮擦工具，在选项栏设置画笔硬度 0，不透明度 50%，适当擦除"图层 1"的上部边缘，使其与"图层 2"的渐变效果相融，效果如图 10-21 所示。

图 10-20

图 10-21

10.2.2　制作六边形框架与文字效果

本节将制作六边形框架与文字效果，涉及的知识点有创建六边形，绘制直线，栅格化图层，使用橡皮擦擦除部分图像，使用横排文字工具输入文字等。

<< 扫码获取配套视频课程，本节视频课程播放时长约为 1 分 08 秒。

配套素材路径：配套素材\第10章\素材文件\10.2
素材文件名称：夜景.jpg、标志.psd

操作步骤　　　　　　　　　　　　　　　　　　　　　　　　Step by Step

第 1 步　选择多边形工具，在选项栏取消填充，设置【描边】为白色、宽度为 2 点，【边】为 6，按住 Shift 键单击并拖动鼠标创建正六边形，如图 10-22 所示。

第 2 步　选择直线工具，在选项栏设置【选择工具模式】选项为"形状"，【填充】为白色，取消描边，【粗细】为 6 像素，绘制一个直线形状，如图 10-23 所示。

图 10-22

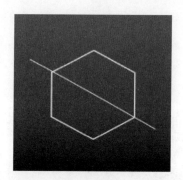

图 10-23

第 3 步　选中"直线 1"图层，将其栅格化，使用橡皮擦工具，在选项栏设置画笔硬度 100%,不透明度 100%,适当擦除部分图像，如图 10-24 所示。

第 4 步　选择横排文字工具，在【字符】面板中设置参数，设置字体颜色为白色，输入文字，如图 10-25 所示。

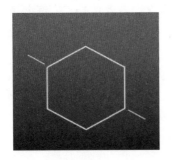

图 10-24

图 10-25

第 5 步 继续使用横排文字工具输入文字，将大小改为 11 点，其他参数不变，效果如图 10-26 所示。

图 10-26

10.2.3 制作招聘信息

本节将制作招聘信息，涉及的知识点有使用横排文字工具输入文字，修改文字大小，打开素材，复制图层组到文档等。

≪ 扫码获取配套视频课程，本节视频课程播放时长约为 1 分 11 秒。

配套素材路径：配套素材\第10章\素材文件\10.2
素材文件名称：夜景.jpg、标志.psd

 操作步骤

Step by Step

第 1 步 选择横排文字工具，在【字符】面板中设置参数，设置字体颜色 RGB 数值分别为 179、191、255，输入文字，如图 10-27 所示。

第 2 步 将第 2 行文字大小设置为 7 点，如图 10-28 所示。

图 10-27

图 10-28

第 3 步 选择横排文字工具，在【字符】面板中设置参数，设置字体颜色 RGB 数值分别为 179、191、255，输入文字，将第 2 行文字大小改为 22 点，效果如图 10-29 所示。

第 4 步 打开"标志 .jpg"素材，将"标志"图层组复制到文档中，放置在左上角，最终效果如图 10-30 所示。

图 10-29

图 10-30